脫貧者

擺脫貧窮的第一步，
從打破階級複製開始

溫亞凡
劉寶江 / 著

目錄

目錄

目錄

前言

　　錢 —— 一個繞不過去的字眼，一個讓人激動的字眼，一個令人無奈的概念。

　　受傳統文化影響，錢，或者說是財富，它從來都不是我們的終極追求。視金錢如糞土，棄富貴如敝屣，才是無數人心嚮往之的至高境界。受此影響，我們即便不像某些武斷的哲學家那樣把金錢鑑定為「萬惡之源」，但談起它，我們也往往猶抱琵琶半遮面。彷彿誰要是大聲疾呼一聲：「我需要錢，我愛錢！」人格就會立即降低一等。

　　其實大可不必。金錢的多寡與人格的高低並不矛盾。被很多人當做精神座標的東晉詩人陶淵明等不為五斗米折腰的高潔之士，也並不是從一開始就抵制金錢、仇視富貴的。如果環境允許他們堂堂正正擁抱金錢、獲取富貴，他們未必願意躲在偏遠閉塞的南山腳下賞菊花。對陶淵明來說，田園生活不是幸福，而是無奈，是悲哀。

　　還有更悲哀的。兩千一百多年前，司馬遷在他的偉大作品《史記》中感慨：這世界上的人啊，如果別人的錢比他多十倍，他就會下意識點頭哈腰、低聲下氣；比他多百倍，他就會沒理由的怕人家，不管有理沒理，絕對沒骨氣；再多的話，他們就會心甘情願為奴為僕，張口老爺太太，閉嘴少爺少奶奶……。（「凡編戶之民，富相什則卑下之，佰則畏憚之，千則役，萬則僕，物之理也。」）

　　司馬遷不會無緣無故惆悵。他的理論經得起驗證，而且有著沉痛的經驗教訓 —— 他本人就是因為拿不出足夠的保釋金，才落了個被迫節育的悲慘下場。

前言

　　歷史的車輪繼續回溯，我們發現，即便是被尊稱為「聖人」的孔子，也不曾與金錢完全劃清過界限。子曰：如果富貴可以堂堂正正追求，即便是讓我做趕車之類的工作我也願意；但如果富貴非要以「放下身段」為代價，我還是做點自己喜歡的事吧！（「富而可求也，雖執鞭之士，吾亦為之；如不可求，從吾所好。」）

　　把目光回轉到今天的時代，即使它還有著這樣那樣的欠缺和不足，我的不甘、你的不滿、他的不爽……但它無疑比先人所處的時代先進得多，有希望得多。無論你是追求富貴也好，是賺錢也罷，或者說實現自我價值，金錢都為我們提供了更多的機會、平臺和可能性。在我們身旁、媒體，無數成功人士也早已證明了這一點。

　　只是這個世界不可能擠滿富翁。無論何時，富翁都是稀有動物，社會上都必然有相對大多數的窮人處在金字塔底層。沒錢的日子是難過的，熠熠生輝的金錢不斷折射著人情冷暖、世態炎涼，它總在我們最敏感的時刻刺激我們，它總以我們不高興的方式到來，它晃花了很多人的眼，也黯淡了很多人的激情。羨慕嫉妒恨、空虛寂寞冷，沒日沒夜折磨著看似體面實則不堪重負的芸芸眾生。因為沒錢，因為受夠了沒錢的日子，看到有錢人，流著「不患寡而患不均」的血液、基因的我們會沒理由的不爽，並把這種不健康的思想感情視為社會財富分配不均的正常反應。

　　誠然，社會上有蛀蟲、奸商和陰謀機巧，部分先富起來的人越來越缺德——炒房集團就是其一。但我們是不是也應該認同：大多數富人都是透過努力和智慧才甩掉貧窮的帽子的。或者說，他們沒什麼了不起，只不過是趕上了機遇，他們都是傻人有傻福。人們往往用「富二代」和「窮二代」來區分時下的年輕人，其實才吃飽了幾天？不需回溯多少年，大家全是窮二代。今天的富人，當年都窮

得讓沒有吃過什麼苦的年輕人無法想像。那麼從現在開始，勇敢一點，努力一點，靈活一點，堅忍一點，你的未來同樣無法想像。回過頭來說，抱怨、仇富有什麼用？口袋裡沒錢，終究是沒錢。

　　總之，作為一個出身絕不華麗、目前還沒有被生活擊倒的文字工作者，我一定要盡可能多傳遞一點正能量！事實上，我肚子裡也沒什麼墨水，寫不出什麼太高深的東西，我只能替你打打氣，讓你在追求財富的路上有個陪伴。但我相信，僅此，足矣。

第一課　他們都曾經窮過

1. 直到高中畢業我沒有穿過襯衫

某知名公司總裁在一篇文章中寫道：

「我與父母相處的青少年時代，印象最深的就是那段連溫飽都有困難的時期。今天想來還歷歷在目。我們兄妹七個，加上父母共九人。全靠父母微薄的薪水來生活，毫無其他來源。本來生活就十分困難，兒女一天天長大，衣服一天天變短，而且都要讀書，開銷龐大，每個學期每人繳學費，到繳學費時，媽媽每次都煩惱。與勉強可以用薪水來解決基本生活的家庭相比，我家的困難程度更高。我經常看到媽媽月底就到處向人借錢，而且常常走了幾家都未必借到。直到高中畢業我都沒有穿過襯衫。有同學看到我大熱天還穿著厚厚的外衣，就說你請媽媽買一件襯衫吧，我不敢，因為我知道做不到。我上大學時，媽媽一次送我兩件襯衫，我真想哭，因為，我有了這些，弟妹們就會更難過日子了。我家當時是兩三人共用一條被子，而且破舊的被單下面鋪的是稻草，老師來我家做家庭訪問時都看呆了。上大學需要住宿，我拿走一條被子，家裡就更困難了。被單不夠，媽媽撿了畢業學生丟棄的幾床破被單縫縫補補，洗乾淨，這條被單就陪我度過了大學生活。」

「我們家當時是每餐實行嚴格分飯制，控制所有人欲望的配給制，保證人人都能活下來。若非如此，總會有一兩個弟妹活不到今天，我也真正理解了『活下去』這句話的含義。」

「我高三快考大學時，有時在家複習功課，實在餓得受不了了，用米糠和菜攪拌一下，偷偷吃，被爸爸碰上幾次，他心疼了。其實當時我家窮得連一個可上鎖的櫃子都沒有，糧食是用一口缸裝著，我也不敢去隨便抓一把，否則也會有一兩個弟妹活不到今天。之後三個月，媽媽經常早上塞給我一個小小的麵餅，要我安心複習功課。我能考上大學，小麵餅功不可沒。這個小小的麵餅，是從父母與弟妹的口中省下來的，我無以為報。」

「有次我搭火車回家，因為沒有錢買票，在火車上挨打，我補票也不行，硬把我推下火車。也曾經挨過站務人員的打，回家還不敢直接在父母上班的地方下車，而在前一站下車，步行十公里回去。半夜回到家，父母見我回來了，心疼不已……我要去外地唸書，臨走前，父親脫下他的一雙舊皮鞋給我，並說了幾句話：『記住知識就是力量，別人不學，你要學，不要隨波逐流』、『以後有能力要幫助弟妹』。背負著這種重責，我在克難的環境下，將高等數學習題從頭到尾做了兩遍，學習了許多邏輯、哲學，還自學了三門外語，當時已到可以閱讀大學課本的程度……我當年穿走爸爸的皮鞋，沒念及爸爸那時是做苦工的，泥地裡冰冷潮溼，他更需要鞋子。現在回想起來，覺得自己太自私了。」

「後來，生活有了翻天覆地的變化，因為我兩次發表論文，又有發明創造技術，合乎當時的時代需求，突然一下子成為炙手可熱的人。一開始我在一臺電子公司當經理，卻被人騙光財產……後來也是無處可就業，才被迫創建這間公司。前幾年是在十分艱苦的條件

下起步的。這時父母、姪子與我住在一間十幾坪的小房子裡，在陽臺上煮飯。他們處處為我擔心，生活也十分節省。存一點錢說是為了將來『救』我，聽妹妹說，母親去世前兩個月，還跟妹妹說，她戶頭存了幾十萬，以後留著救哥哥，他總不會永遠都好……母親在被車撞時，她身上只有幾百元，又未帶任何證件，是作為無名氏被搶救的。中午吃飯時，妹妹、妹夫發現她遲遲未歸，四處尋找，才知道她遭遇車禍。可憐天下父母心，一顆做母親的心有多純……當時市場的魚蝦，死掉後就賣得十分便宜，父母他們買死魚、死蝦吃，說這些還新鮮呢！晚上出去買菜與西瓜，因為賣不掉的菜，便宜一點……」

財富箴言

不怕世界不公平，就怕心理不平衡。

知識就是伯樂，伯樂就是你自己。

2. 有死魚，我一定不買活魚

某知名學校創始人號稱「最富有的老師」。他的辦公室牆上掛著一幅放大的照片：在一片長著荒草的土地上，立著兩間搖搖欲墜的破瓦房。這是他在鄉下的老家。

1979 年，他首次考大學失利，他在家餵豬、種地、開曳引機，期間他意識到自己不能種一輩子地，不能當一輩子農夫，於是他下決心從頭再來。但次年再考，他依然名落孫山。同年，城裡開了一間外語補習班，他進入補習班後的感覺就像進了天堂：可以一整天都用來學習了，可以在電燈下讀書了。

1980 年，他終於考上了大學的外文系。後來，他在部落格中寫

道：「你現在的狀況並不決定你的未來，有句古話：『刀不磨不鋒利，人不磨不成器。』我在大學的時候受到很多打擊，首先是身分上的懸殊：我的同學有公司經理的兒子、有大學教授的女兒，而我卻是一個農夫的兒子，重考三次才走進大學，穿著大補丁挑著扁擔走進大學的，我們體育老師上課時從來不叫我的名字，都是叫那個『大補丁』，來做個動作……你會發現你總趕不上大家，即使他們停下來一輩子什麼都不做，他們所擁有的東西都比你多。比如大學一年級的時候，班上那個經理的孩子，每週五都有開著賓士的司機接他。你想我家當時連腳踏車都買不起，他居然坐著賓士，那是一種什麼樣的感覺。你感到這輩子基本就完蛋了。但是我們一定要記住一個真理：生命總是往前走的，我們要走一輩子，你唯一能做的就是堅持走下去。所以我非常驕傲的從一個農夫的兒子走到大學，最後又走到了今天。」

他有句名言：「使這個世界燦爛的不是陽光，而是女生的微笑。」他曾在演講中以其特有的詼諧調侃道：「當時，我們班一共五十個同學，剛好二十五個男生、二十五個女生。一開始我聽到這個數字很興奮，但是沒想到我們班的女生沒一個正眼看過我的。到了2001年，我們全班同學聚會，大家從世界各地趕回來。驀然回首，大家突然發現班上那個最沒出息的、國語都講不好的、默默無聞的那個人，怎麼就成了全班最出色的了？這個時候女同學都熱情的走上來握住我的手，後悔當初沒下手……」

他感慨：「誰不想有錢啊，我以前每天都想著要有錢，沒有人喜歡沒錢。生命最大的改變不是從一百萬元變成一千萬元，而是我在菜市場上買魚從買死魚變成買活魚（還沒出息的時候是我負責煮飯，我老婆在更遠的地方上班，等她下班回來都晚上七點了。我是

在河邊長大的，我老婆是海邊長大的，所以我們都喜歡吃魚），當時市場上的活魚很貴，死魚非常便宜，我只買得起死魚。」

後來興起留學熱，看著同學們紛紛出國，他也萌生了出國留學的想法。但由於上學時成績並不優秀，以及當時美國對外國人留學政策緊縮，他的留學夢最終付諸東流，一起逝去的還有四年光陰和所有的積蓄。為了謀生和將來自費留學，他開始到外面兼職授課，一段時間後又約了幾個同學打著學校的名義私自辦起了補習班，被校方得知後，遭到了嚴厲且不公正的處分。「大學踹了我一腳。當時我充滿了怨恨，現在充滿了感激，」他回憶道，「如果我一直混下去，現在可能是大學英語系的一個副教授。」

離開大學兩年後，他在一間面積不到五坪、透風漏雨的小平房裡創辦了自己的補習班。著名記者、作家在書中這樣描述他和他創辦的學校：他租了間平房當教室，外面放一張桌子、一張椅子，「大學英語補習班」正式成立。第一天，來了兩個學生，看「大學英語補習班」那麼大的牌子，只有夫妻倆、破桌子、破椅子、破平房，登記冊乾乾淨淨，一個鬼影都沒有，學生滿臉狐疑。他見狀，趕緊推銷自己，像是江湖術士，憑著三寸不爛之舌，讓兩個學生留下了註冊費。夫妻倆正高興著呢，兩個學生又回來了。他們心裡總覺得怪怪的，所以把錢要回去了……。

他說，最初成立補習班，只是為了使自己能夠活下去，為了每天能多賺一點錢。作為一個男人，快到三十而立的年齡，連一本自己喜歡的書都買不起，連為老婆買條像樣的裙子都做不到，家裡窮到連家徒四壁都談不上，自己都覺得沒臉活在世界上。他說：「我沒想到能從最初的寥寥無幾，到現在變成培訓一百七十五萬名學生。其實這一切你不一定要去想，只要堅持往前走就行了。」

財富箴言

人生不平等，你必須適應。

先改變命運，再改善生活。

第二課　他們都曾經傷過

1. 讓攝影師替你照相算得了什麼

　　美國石油大王約翰‧洛克斐勒是人類歷史上第一個億萬富翁。一百五十多年來，提起洛克斐勒和他的家族，人們首先聯想到的就是富可敵國。

　　不過這個超級富翁年輕時也是個窮小子，他曾經在一家農場工作，報酬每小時四美分。有一天，洛克斐勒在馬鈴薯田裡除草時，邂逅了一位漂亮的少女，倆人很快墜入愛河。可惜沒幾天，這段純潔的戀情便宣告夭折 —— 少女的母親堅絕不許女兒再和「那個渾身散發著馬鈴薯氣息的鄉巴佬」繼續交往。

　　數十年後，洛克斐勒在家書中用另一件少年往事開導兒子小洛克斐勒：「我的兒子，你或許還記得，我一直珍藏著一張中學時期我與同學們的多人合影。那裡面沒有我，有的只是出身富裕家庭的孩子。幾十年過去了，我依然珍藏著它，也珍藏著拍攝那張照片時的情景。

　　那是一個下午，天氣不錯，老師告訴我們，有一位攝影師要來拍學生上課時的情景照。我是照過相的，但是次數很少，對一個窮苦家庭出身的孩子來說，照相是種奢侈。攝影師剛一出現，我便想

像著被鏡頭拍下時的情景 —— 多點微笑、多點自然、帥帥的，甚至開始想像著自己跑回家如同報告喜訊一樣告訴母親：『媽媽，我照相了！是攝影師拍的，棒極了！』」

「我用一雙興奮的眼睛注視著那位彎腰取景的攝影師，希望他早點把我拉進相機裡。但我失望了。那個攝影師好像是個唯美主義者，他直起身，用手指著我，對我的老師說：『你能讓那位學生離開他的座位嗎？他的穿戴實在是太寒酸了。』」

「我當時是個弱小、只懂得聽命於老師的學生，我無力抗爭，只能默默起身，為那些穿戴整齊的富家子弟製造美景。在那一瞬間，我感覺我的臉在發燙。但我沒有動怒，也沒有自哀自憐，更沒有暗怨我的父母為什麼不讓我穿得體面些，事實上他們為了能讓我受到良好的教育已經竭盡全力了。看著在那位攝影師調整下的拍攝場面，我在心底握緊了雙拳，向自己鄭重發誓：總有一天，你會成為世界上最富有的人！讓攝影師替你照相算得了什麼！讓世界上最著名的畫家為你畫像才是你的驕傲！我的兒子，我那時的誓言已經變成了現實！在我眼裡，侮辱一詞的詞義已經轉換，它不再是剝掉我尊嚴的利刃，而是一股強大的動力，排山倒海，催我奮進，催我去追求一切美好的東西。如果說是那個攝影師把一個窮孩子激勵成了世界上最富有的人，似乎並不過分。」

財富箴言

侮辱即動力，刺激即賜予。

2. 感情需要物質來解決

　　某投資集團董事會主席李先生是亞洲第一位擁有頂級法拉利跑車的人，他的創業經歷充滿傳奇色彩。

　　1978 年，李先生從大學回到朝思暮想的家鄉。剛開始返鄉時，他做過顧鍋爐、顧倉庫、當過搬運工，最後終於在一間小餐廳找到了一份刷洗鍋碗的固定工作。在大學時，他愛上了一個漂亮的女孩。把工作安頓好後，他第一件事就是去見那個讓他朝思暮想的女孩。在女孩家裡，女孩的媽媽硬生生問他：「你有沒有本事？」他回答：「我會開曳引機。」對方說這不算本事，又問他的家庭出身。他說：「我就是一個普通工人。」對方接著問：「那你有沒有錢？」得到否定的回答後，對方說：「那你等於什麼都沒有 —— 也沒有娶我女兒的條件。」

　　愛情的失敗讓李先生悟出了一個真理：感情需要物質來解決！此刻，一個在當兵的同學告訴他，當地有很多華僑帶回來的錄音帶、電話答錄機、手錶等，如果他能幫忙賣出去，就能賺到錢。但初次做生意帶來的並不是滾滾黃金，而是被判刑三年。釋放後，不服輸的他又跟別人借了點錢，想要重新開始。在一次商業博覽會上，他看到了一臺美國生產的飲料機，他意識到這臺機器會「下蛋」，便詢問價格，誰知對方說沒有貨，他趕緊找到經理，先套交情，再交朋友，請完客，又送了幾條名牌香菸，最終傾其所有將飲料機買下。當年夏天，他帶著這臺飲料機到其他城市，找到幾個當地人，說：「這是新東西，全國只此一臺。如果你們同意，你們出場地、人員，辦營業執照，我出設備。所得各拿一半。」結果那個夏天，遊客們都排著隊在這臺新機器前搶著喝飲料，他淨賺了幾

十萬元。

夏天剛剛過去，他就把機器轉給了合夥人。人們都認為他是賺錢賺傻了。誰知第二年夏天，一下子冒出了上百臺飲料機，而此時的李先生已經與當地一家文化館合作，開起了第一家錄影帶放映店。這一次，他的生意再次門庭若市，有一次，觀眾搶著買票，竟然把店前的鐵柱擠塌了！甚至還有人賣起了黃牛票。

一個偶然的機會，他結識了一位退休老幹部，對方勸他應趁年輕多學點知識，於是他去了日本留學。在日本期間，他一邊學習，一邊留心中日兩地，準備做跨國生意！

一款知名生髮劑再次成就了他。為了拿到日本獨家代理權，他一出手就送給對方一輛 NISSIN 汽車和一輛露營車，慷慨大方和濃濃的人情味瞬間擊敗了數不勝數的競爭對手。據說，生髮劑在日本賣得如日中天的時候，他的貨車得僱保全看守，不然就會被經銷商搶了！小小的生髮劑讓他賺取了上億元資產。

財富箴言

成功沒有傳奇，只有不斷挑戰並戰勝。

3. 我看不上像你這麼普通的男人

「哈羅」啤酒是比利時首都布魯塞爾市的著名啤酒品牌，該廠銷售總監林達剛進廠時還是個天真的年輕人，當時的他，雖然相貌平平，且一文不名，但卻很自信的看上了工廠裡一個非常優秀的女孩。情人節那天，林達找了個機會，向女孩獻上了一束代表愛情的鮮花，對方卻硬生生拒絕了他，並說：「我看不上像你這麼普通的男人！」

第二課　他們都曾經傷過

　　傷心之餘，林達決定做些「不普通的事情」。當時，哈羅啤酒廠一如林達的愛情一樣令人傷心，由於沒錢做廣告，啤酒銷量日漸下滑，廠長卻拒絕做電視廣告。事實上，他也拿不出做廣告的巨額資金。思前想後，林達決定做成這椿「不普通的事」，他說服了廠長，然後貸款承包了銷售業務。

　　怎麼做才能提高哈羅啤酒的銷量呢？林達晝思夜想，寢食不安。一天晚上，他久久徘徊在布魯塞爾市中心的朱利安廣場，希望能想出些點子。朱利安廣場就是人們為紀念用尿澆滅導火線從而挽救城市的小英雄朱利安而修建的廣場，廣場中心的銅像表現的正是於連撒尿澆導火線的情景。當然了，銅像裡撒出的「尿」不是真尿，而是潔淨的自來水。突然，林達一抬頭，不經意的發現廣場上有一群調皮的孩子正在用空礦泉水瓶子接銅像裡的「尿」互相潑灑，林達立即有了靈感。

　　第二天上午，路過廣場的人們驚奇的發現，一夜之間，朱利安的「尿」竟然變成了色澤金黃、泛著泡沫的啤酒，一旁的大看板上還寫著「哈羅啤酒免費品嘗」的字樣。消息不脛而走，一傳十、十傳百，很多市民都從家裡帶著盆碗桶罐等跑到銅像前，排著長隊接免費啤酒。不甘寂寞的電視臺、報紙、廣播電臺也爭先恐後的報導，林達只投資了幾噸啤酒，沒花一分廣告費，就把哈羅啤酒打造成了當地著名品牌。

財富箴言

「不普通的人」大致等同於有錢的、
有地位的、有才華的、成功的人。
有勇＋有謀＋有錢＝不普通。

第三課　他們都曾經做過

1. 你是老闆，隨便做點什麼不好

　　有個年輕人從事飼料中盤商生意：從外地運來玉米等原料，然後銷往各大飼料加工廠。每當貨物到站時，他就立即趕到貨運站，僱請農夫工裝卸玉米袋。除了指揮搬運，他還親自上陣扛玉米袋。時間長了，人們大惑不解，問他：「你是老闆，隨便做點什麼不好，何必跟農工一起扛麻袋呢？」他淡淡一笑，沒說什麼，因為他實在說不出理由，心裡就是有一股做事的衝動。就是憑著這股幹勁，他的飼料生意越做越大。銷路已不成問題，但有限的運輸能力成了制約事業發展的瓶頸。當時火車廂十分熱門，誰有本事多弄一節車廂，就等於把錢賺到了手。為了能爭取車廂數，他拎著兩條 555 牌香菸，敲開了貨運站主任的家門。還沒等他張嘴，主任先開口了：「你是來要車廂的吧？」主任的開門見山讓他大感意外，只好點頭說：「是，是，您能給我兩個額外的車廂嗎？」「你把菸拿回去，明天到辦公室找我！」主任對他說。在回去的路上，他不停罵自己沒用，才說了一句話就被請出來了，也許是送的禮太少了。

　　次日一早，當他硬著頭皮來到主任辦公室時，主任熱情的招呼他：「年輕人，我早就認識你了，不知道吧？」「這才第二次見面，

主任早就認識我了？」他心裡嘀咕著。「我在貨運站工作這麼多年，只見過一個扛麻袋的老闆，就是你。我覺得你很想做一番事業，一直想幫幫你，沒想到你主動找上門來了。」主任爽朗的笑聲終於讓他如釋重負。

這個年輕人後來成為知名房地產董事長。他在自傳中提起此事時寫道：「透過這件事，我悟出了一個道理：在商業社會裡，金錢不是萬能的，金錢是買不來尊重和榮譽的。那個主任正是欣賞我做事的態度和吃苦精神，所以才願意無償幫助我。」

財富箴言

做吧，貴人就在不遠處看著我們。

要奮鬥，要爭取，要送禮，別行賄。

2. 別人做八個小時，我就做十六個小時

李嘉誠幼年喪父，14 歲便輟學走上社會。他的第一份工作是在茶樓當服務生。為了確保第一個趕到茶樓，他總是將自己的鬧鐘調快十五分鐘。直到現在，李嘉誠的手錶也比正常時間快五分鐘。

17 歲時，李嘉誠成為了五金廠的推銷員，每天走訪街頭巷尾，主要推銷小鐵桶。當時公司一共有七個推銷員，李嘉誠最年輕、資歷最淺。其他幾位都是經驗豐富的老手，有自己固定的客戶資源。這是一種不在同一起跑線上的競爭，但李嘉誠不想輸給任何人。他暗自替自己定下目標：三個月內，做得和別人一樣出色；半年後，超過他們！他每天背著大包四處奔波，馬不停蹄的走街串巷，尋找客戶。經過一段時間的努力，他的銷售額在所有推銷員中遙遙領先，曾經高達第二名的七倍！一年後，李嘉誠就做了部門經理，兩

年後又當上了總經理。回憶那段時光，李嘉誠說：「剛開始別無他法，只能以勤補拙。別人做八個小時，我就做十六個小時。」

後來，有記者問李嘉誠成功的祕訣，李嘉誠對他講了一則故事：在一次推銷業祕訣分享大會上，有記者問日本「推銷之神」原一平推銷的祕訣，原一平當場脫掉鞋襪，把提問的記者請上臺說：「請您摸摸我的腳底板。」記者照做後，十分驚訝的說：「您腳底的繭好厚呀！」原一平說：「因為我走的路比別人多，跑得比別人勤。」講完故事，李嘉誠微笑著說：「我沒有資格讓你來摸我的腳底板。但我可以告訴你，我腳底的繭也很厚。」

財富箴言
天道酬勤不酬怨，人生無所謂起跑線。
摸摸自己的口袋，摸摸自己的腳。

3. 我們做啊，真的做

曾經有記者問某知名汽車零件製造集團創始人魯先生：「你是否從小就想當企業家，要譽冠全球？」他聽罷開心一笑：「不！我記得我小時候曾想過當這個家、那個家，就是沒想過要當企業家。我開公司是被逼上梁山的。」

早在 1969 年，魯先生就開始了自己的創業之旅。初次創業，他借錢開了一間米麵加工廠，但這個讓他充滿希望的小作坊開張沒幾天，就因沒有合法的執照被稱為「不務正業，半地下黑工廠」強行關閉，機器也被低價拍賣。為了還債，他賣了家裡的三間舊房。

後來，魯先生開了一間農用機械修理廠。修理廠剛開張時，主要有兩大難處：一是當時各種資源極度匱乏，什麼都缺。電焊條、

23

鋸條、鑽頭沒源頭可買，原材料也非常難找。沒鋼材，他們就到處收廢鐵，到報廢品收購站買廢鋼；沒有煤，他們就到火車站撿從車廂中撒落下來的煤塊和煤渣。二是當時開公司還被視為浪費家產，受人歧視。想買機票、想坐自強號，根本就不可能。有一回，他帶人去參加汽車零件交易會，路上因為座位和一幫人爭執起來，警察上來處理，不分青紅皂白就扣住魯先生。還有一次，他帶著人、拉著貨直奔某汽車零件訂貨會，結果被人轟了出來，因為當時的小企業一律不得入內。但這難不倒他，他說：「不讓我們進去，我們就在外面擺地攤！」他請人把帶去的產品攤在塑膠布上，擺了滿滿一地，同時派人到裡面（訂貨會上）「收集情報」。一打聽，買賣雙方正在價格上拉鋸，誰也不肯相讓。他立即決定：「降價20％！」說完馬上就貼出了降價廣告。同樣的品質，不一樣的價格，顧客憑什麼不買？當晚，魯先生等人在旅館裡一統計，訂貨量高達一千多萬元！

　　魯先生創造了世界企業界的一個奇蹟，那就是開公司四十年來從未虧損過！他說：「我們做啊，真的做！鍛工、切割、調度、把關……都是我。有一次，我得了急性黃疸性肝炎，筋疲力盡，去醫院看病，腳踏車都騎不動。醫院檢查後，說我必須臥床休息，我把診斷書一丟，照常工作。什麼東西都不想吃，就吃醃菜。當時我們員工餐廳裡有四大缸醃菜，我一個人全吃完了。就這樣，拚命做了兩個月，一天都不休息，一直出虛汗。後來我想，不這麼出汗把毒素排掉，只是一味躺床上休息，我可能早就死了……只要你盡心、盡責、盡力去做一件事情，當別人一週工作五天，而你三百六十五天都不休息，當別人在過年初一，而你還在接著做的時候，你一定能成功。」

財富箴言

偉大是熬出來的，成功是做出來的。

怨天尤人沒有出路，消極悲觀走向死路。

第四課　他們都曾經敗過

1. 李總裁沒死，他在水裡游泳呢

　　某知名綜合企業總裁李先生從小就是個不安分的人。14 歲那年，家境小康的他未經父親同意便擅自退學，進入油田工作。20 歲時，他就成了油田的管理人員之一。此後，他先後做過塑膠工廠和飼料工廠廠長，賣過房地產，生產過乾洗設備，開過麵粉工廠，販賣過手錶、服裝、羊皮和糧食，還開過一間貿易公司。

　　1993 年，李先生離開家鄉，來到首都，傾盡所有並大膽貸款 5,000 萬元，準備生產一種營養食品。但價值幾千萬元的原料投進去後，一盒產品也沒出現在生產線。原來，他花費 300 萬元購買的專利根本就不成熟。當他試圖尋找發明人時，對方早已人間蒸發。

　　5,000 萬元，連個響聲都沒聽到，李先生愁眉不展，一言不發，從早到晚拚命抽菸。視他為兄弟的員工們不禁為他擔心，一個工廠主管還特意暗中叮囑保全人員：「隨時留意李總裁的舉動和行蹤，有情況立即報告。」

　　某夜，凌晨兩點多鐘，一個保全巡邏時突然發現，在辦公室裡抽了半天菸的李先生不見了，但電燈還亮著！該保全立即意識到：出事啦！便飛快跑去喊工廠主管。這時又有另一個保全跑來，說自

己剛剛看到李總裁打開門，在寒風中朝著廠區外的一個大水池走去！大家的心頓時緊張起來，趕緊慌亂的穿上衣服，直奔那個離廠區一公里的大水池。

等大家跑到那個人跡稀少、枯草搖曳，非常適合投水自盡的大水池邊一看，裡面果然有一個黑影。大家的眼淚流個不停，有人甚至哭出聲來。只有一個二十來歲、沒心沒肺的年輕人，不哭不喊，眼睛死死盯著水中的黑影。盯了片刻，他發現那個黑影並不像人投水後浮上來的屍體，而是在有規律的運動。年輕人興奮的喊道：「李總裁沒死，他在水裡游泳呢！」大家擦擦眼淚，定睛一看，那個黑影果真是在水裡游泳。

黑影正是李先生，大家齊聲把他喊上岸，責備道：「大冬天的，你在水池裡做什麼？」

李先生一邊穿衣服一邊說：「我們要到大風大浪中鍛鍊自己 —— 眼下企業遇到了困難。要克服這些困難，我們必須磨練自己的意志。有了堅強的意志，才不會被眼前的困難所嚇倒。所以，我就到水池裡冬泳去了。」

財富箴言

失敗是成功的親媽，動不動就給你一掌。

失敗也不容易，大敗更不容易。一輩子都沒敗過的人最失敗。

2. 你真的完了嗎

某知名房地產集團總裁劉先生，小學四年級就因家貧交不起學費而輟學。當年，他的家鄉遭遇災荒，為了吃飽肚子，身高不到150公分，體重只有35公斤的他跟著姨丈北上，在磚瓦廠工作了一

年，姨丈只給他 500 元。第二年，他便離開姨丈，帶著一個比他大四五歲、個子比他高一顆頭的徒弟再闖其他城市，結果兩個年輕人最終以失敗告終。和徒弟分手後，劉先生一路流浪，在當地的建築工地上，他一做就是兩年，辛辛苦苦，除了學了些建築基本知識，依然沒賺到什麼錢。

1981 年，劉先生回到老家，借錢買了一輛摩托車，單槍匹馬做起了販賣豬肉的生意。但由於缺乏必要的經驗和技巧，再加上生性豪爽，有錢就借，有貨就賒，有便宜不占，有虧他擔，看起來風風光光的他，很快欠下一屁股債。時間長了還不出來，債主們便堵著屋門罵。為了躲債，劉先生經常獨自跑到田裡轉來轉去，一邊轉，一邊喃喃自語：劉老二呀劉老二，你真的完了嗎？難道你願意被人看不起嗎？

幾天後，一個陰雨綿綿的早晨，劉先生選擇了「逃亡」，全部盤纏的來源是砍了自家一棵老樹賣了一些錢。他搭火車南下，在車站附近晃了三天，賣樹錢很快便花光。在餓昏之前，他看見一家機器製磚廠在招募工人，二話不說便進了工廠。在磚廠，精明能幹的他深得老闆的器重，很快便被提拔為小組長，手下有七八個工人。不久，老闆在隔壁城市開了一家分廠，便把原廠交給劉先生管理，18 歲的他搖身一變成為工頭兼上班族。兩年時間，他賺得了一筆在當時堪稱鉅款的資金，於是他順理成章想要自己當老闆。不料老闆說什麼也捨不得讓他走，無奈的他只好再次「逃亡」，炒了老闆的魷魚。

不久，劉先生來到一個小鎮，恰逢當地有間瀕臨倒閉的磚瓦工廠意欲轉讓，他聽說後趕緊聯絡了兩個老鄉和一位本地人，每人出資 25,000 元，買下了磚瓦工廠，劉先生任法人兼廠長。但做上真正

的老闆後，磚廠一連幾個月虧本，三個合作人先後失去信心，紛紛要求撤資。劉先生非常生氣，你們怎麼能釜底抽薪呢？但他除了生氣也沒辦法，後來事情鬧到了法院，由於他是法人，法院把磚廠判給了他，限他一年時間把所有債務處理好和償還合作人的本金。

凡事有利就有弊，雖然背上了巨債，但也沒有合作人牽制住他了。劉先生放手加強管理，堵塞漏洞，同時靜待良機。結果不到半年，各種建材價格日趨走高,，而且供不應求。到年底，他不僅還清了所有債務，還淨賺了幾十萬元！此後的日子，他日進斗金，很快便擁有了數千萬元資產。

1988 年年底，劉先生無意中聽聞政府遷址消息。他馬上意識到：地價要漲了！於是他果斷將數千萬元一股腦投入房地產。僅僅一年半，他買下的幾百畝地發了瘋似上漲好幾倍，他果斷出手，將幾百畝土地變現為上億資本，然後重歸實業領域。那一年，他剛剛滿 28 歲。

財富箴言

完了的人那麼多，是否包括你和我？

「流亡」的人太少，因為沒有人逼他們。

3. 請給我一次失敗的機會

李先生高中剛畢業時，靠父親給的幾百元買了臺小照相機，他每天背著相機，騎著破腳踏車，滿大街拉人：來，朋友，照張相！半年時間，他賺了幾千元，正式開起了照相館。在洗相片的過程中，李先生發現，用一種藥水浸泡，可以將廢棄物中的金銀分離出來！他悄悄做起了提取金銀的生意。後來，乾脆關了照相館，專

門煉金。

兩年後，李先生發現了更大的「金礦」：冰箱在很多城市供不應求，而生產冰箱零件對他來說並不太難。果不其然，從單槍匹馬到成立自己的冰箱製造廠，李先生只用了兩年時間。到 1989 年，李先生的冰箱製造廠被關閉時，他已經身家幾億元，與他年僅 26 歲的年齡不成正比。

後來，李先生先後從事過建材和房地產生意，還曾經在地產熱時跌過一個跟頭。之後，他又做過其他生意，最終他認定了摩托車行業，為避免像上次開冰箱製造廠一樣被關閉，他斗膽到相關部門跑了一趟，結果碰了一鼻子灰。他不死心，又去某大型摩托車廠參觀，並順便向該廠老闆提出：能不能讓我為您生產配件？又招來一通挖苦：「這種高技術的配件豈是你們能做的？不要不自量力了！」

「我非做不可了！」李先生憋著一肚子氣回到家，正式提出要做一整臺摩托車，不僅招來了嘲笑，連他的親兄弟都反對：「出車禍死了人，有你好看的，搞不好千年砍柴一夜燒。」

管他幾夜燒呢！砍柴不就為了燒嗎？李先生力排眾議，迅速開了摩托車廠。五年後，他的摩托車產量達到三十五萬輛，還出口到國外。

這時李先生又興起了製造汽車的念頭。有人提醒他：製造四個輪子的汽車跟製造兩個輪子的摩托車可是兩碼子事。李先生口出狂言：「汽車不就是四個輪子加個大沙發嘛！」還有人說他製造汽車等於自殺，他回敬道：「那就給我們一次自殺的機會。」

1999 年，李先生對大眾說：「請允許企業大膽嘗試，允許企業做轎車夢。幾百億元的投資，我們不向銀行貸一分款，一切代價由我們自負，請給我們一次失敗的機會吧！」難能可貴的是，他不僅

爭取到了機會，而且再次好好把握住了機會。如今，他做出來的轎車不僅遍布大街小巷，還後來居上，收購了歐洲的汽車企業 —— 這可是當年連他自己都沒有想過的事。

財富箴言

有些人造車，有些人造謠，有些人造糞。

走自己的路，讓無聊的人望塵莫及。

第五課　他們都曾經哭過

1. 我不做了

　　有一次，某知名教育集團的一位員工在貼招生廣告時被一個簡單粗暴的競爭對手捅傷。這件事讓董事長俞先生意識到自己「在社會上混」，應該結識幾個警察。報案時那個僅有一面之緣的警察幫忙他約了刑警大隊的一個主任到餐廳「坐一坐」。但他當時遠不像今天這麼能說會道，為了掩飾內心的尷尬，發洩創業的苦悶，他光喝酒不吃菜，最後直接躺在了桌子底下，不省人事，在醫院搶救了三個多小時才醒過來。他醒過來喊的第一句話是：「我不做了！」

　　一個員工把俞董從醫院送到家。路上，他伏在員工背上一邊哭，一邊撕心裂肺喊著那句話：「我不做了！再也不做了！把學校關了！我不做了！」喊得沿途的人都看他。晚上七點，酒醒了，他又像往常一樣，背好背包去教室授課了。

　　後來，俞董在一次演講中說：「本集團有一個運動，叫做徒步50公里。任何一個新到職的老師和員工都必須徒步50公里，未來的每一年，也都要徒步50公里。很多人從來沒走過那麼遠的路，一般走到10公里就走不動了。每次我都會帶著新員工走，走到一半的時候，一定會有人想退縮。我說不行，你可以不走，但是把辭職報

告先遞上來。當走到 25 公里的時候，你只有三個選擇：第一，繼續往前走。第二，往後退，但當你走到一半的時候，你往後退也是 25 公里，還不如堅持往前走呢！第三則是站在原地不動。我們知道，他不可能原地不動，所以他只能咬牙跟上。同樣的道理，在人生旅途中，停止不前還有什麼希望呢？所以我說：「堅持下去不是因為我很堅強，而是因為我別無選擇。」

財富箴言

想哭就哭出來，哭完就忘了它。

淚痕可以不擦乾，該做的事卻不能不做。

2. 兄弟們，再也不用靠泡麵度日了

大學畢業後，許先生以優異的成績進入兵器工業總公司工作。即使在今天，這也是一份不可多得的工作。但他卻放棄了那個已經升級為「金飯碗」的「鐵飯碗」 —— 當時他已躋身公司高層之列。

他毅然辭職，創立了一間科技公司。說是公司，其實還不如說是大一點的工作室。儘管如此，買完辦公設備和日常用品後，他的存款只剩一萬元。他把一萬元全部取出，換成一元硬幣，然後放進一個碩大的存錢筒裡。每天早晨，他都會從存錢筒裡取出一百元買菜和泡麵。這是他們四個成員一天的食物，包括宵夜。儘管如此，他們的創業熱情卻始終高昂，加班至凌晨一兩點、三四點再平常不過。

一天晚上，大家又一次加班到半夜，肚子很餓，但水燒開後他才發現，泡麵只剩三包了。麵很快煮好，他把三碗麵端到同事們面前，故意中氣十足的說：「兄弟們辛苦了，趕快吃吧，我到廚房裡

吃。」實際上，他在廚房裡只喝了一碗麵湯。

就這樣，公司硬是撐了下去。半年後，公司開始獲利，但為了更好的發展，他們每天一百元的伙食標準始終未變。直到又過去一年，公司業務翻了十倍，他才在一天晚上突然宣布：「兄弟們，公司總資產已經超過五百萬元，大家再也不用靠吃泡麵度日了！」幾個人放下手中的泡麵，頓時哭成一團。

財富箴言

想找死，去創業；死不了，超級好。

泡麵的發明者是世界上最偉大的發明家。

3 我要寫，也得找個好看點的

有這麼一個演員，如今星光熠熠、萬眾矚目，早年卻怎麼也不紅，還被人「踹」過很多次。

有一次，在拍攝一部古裝武俠戲時，導演告訴他和三個女主角，他是這部戲的男主角，劇情要求，三個女演員都得喜歡他。他還沒來得及高興，其中一個著名女演員毫不客氣的對導演說起了風涼話：「我怎麼會喜歡他？大鼻子、小眼睛的，多讓人討厭啊⋯⋯」聽到這話，他的眼淚湧出，他趕緊轉過頭去。

還有一次，他想方設法請到著名武俠小說大師喝酒，只為求他寫個劇本給自己。沒想到他左一杯、右一杯的敬了老半天，喝醉了的小說家卻酒後吐真言：「我怎麼會替你寫劇本呢？我要寫也得找個好看點的⋯⋯」一旁的導演趕緊說：「對，這個本子我準備讓某某和某某演⋯⋯」聽到這裡，原本就心裡不是滋味的他跑進廁所，抱著同事哭得淚流滿面。

後來，他說這件事讓他耿耿於懷很多年，但他並沒有生氣，相反還要感謝那些嫌他醜的人。因為不是他們的話，他不會努力，更不會有今天。

財富箴言

什麼圈都不好混，什麼圈都得好好混，

什麼圈都得混出名堂來才有意思。

第六課　他們都曾經難過

1. 我跳下去，他們怎麼辦

　　臺灣燈飾大王林國光最初是在美國創業，他花了四年時間，把一家進出口公司經營得有聲有色。不料此時卻傳來了不幸的消息：自家家族企業賢林燈飾公司已經負債累累，大哥也得到肺癌，將不久於人世。公司本來可以申請破產，但大哥不願逃避債務，那樣的話死後也要身負罵名，為此只好把遠在美國闖天下的弟弟招回來支撐危局。

　　面對大哥的囑託和家族的聲譽，林國光只好接過了重擔。

　　接手公司後，林國光先是賣掉了自己的房子和一切可以變賣的家產，先還了每個債主一部分現金，然後他把所有債權人請來，懇請他們給他半年的時間，等他把生意扭轉過來，一定還款給大家。大家一來看他實在沒錢，二來看他誠懇，只好答應。

　　在接下來的歲月裡，林國光不僅承受著高達兩千萬元的債務，同時還要負擔姐姐和哥哥全家的生活費用。他不敢有絲毫的懈怠，每天都是早上八點上班，一直做到晚上兩三點，他和妻子吃的飯菜還不如一個普通的工人。幾年時間裡，他沒有為自己買過一件衣服。後來回首往事，林國光坦言，有一次在陽臺上，他望著腳下的

萬家燈火，真想跳下去一了百了。但他轉念又想，自己跳下去，妻子和一大家子人怎麼活呀？自己忍了這麼長時間，不是白忍了嗎？最終他還是咬著牙撐了過來。

　　就這樣，經過五年多的忍辱負重，林國光不僅還清了所有債務，而且迎來了轉機，他一路拚殺，最終成了資產上億的燈飾大王。

財富箴言

暫時忍耐，往往是解決問題最好的辦法。

溫柔即是扼殺，苦難即是賜予。

2. 是他們自己擊敗了自己

　　有一年，由於殘酷的市場競爭，美國大名鼎鼎的凱利公司遭遇了有史以來最為嚴峻的生存考驗，銷售額急劇下降，一大批高級員工陸續離開公司，剩下的許多員工也深感前景岌岌可危，紛紛開始考慮自己的退路。一時間，公司上下籠罩著濃濃的悲觀氛圍，公司到了崩潰的邊緣。

　　面對困境，公司總裁艾弗森別出心裁的召集員工聆聽了一場極為生動的演講。出人意料的是，被邀來演講的人不是商界叱吒風雲的成功者，而是經常在公司門口賣報的、年僅 10 歲的小報童約翰！演講的方式也非常簡單：艾弗森與約翰兩人在臺上進行普通的問答。

　　只聽艾弗森開門見山的問：「約翰，你送報紙多長時間了？」

　　約翰說：「三年了，從我 7 歲那年就開始了。」語氣中不無驕傲。

　　艾弗森又問：「你賣一份報紙平均能賺多少錢？」

　　約翰：「時下的行情是每份賺十美分，不包括小費。」

第六課　他們都曾經難過

艾弗森：「看你每天笑嘻嘻的，你的事業一帆風順吧？」

約翰：「哪裡啊！我每天都很快樂，這是真的，但賺錢並不順利。剛開始賣報，一份報還賺不到兩美分，而且非常辛苦，因為當時賣報的人太多了，許多人比我大，還有成年人，他們還比我有經驗。」

艾弗森：「那你是怎樣擊敗競爭對手的呢？」

約翰：「不是我擊敗了競爭對手，是他們自己擊敗了自己。看到送報賺錢難，他們都悲觀的認為做這個一定賺不了錢了，再怎麼努力也沒有前景可言，一個個都改行去做別的了，而我卻滿懷希望堅持下來了，而且把這份工作做得越來越好，越來越賺錢了。」

艾弗森：「你從沒想過要換一份賺錢的工作嗎？」

約翰：「沒有，因為我的祖父告訴過我 —— 成功最大的祕密就是堅持到底，即使在我每週只賺三美元的日子裡，我也沒有想過換工作，我一直堅信自己能夠賺到更多的錢。現在的我實現了自己的願望，除了自己賣報，我還僱了八個幫手，生意擴大了許多。目前，我正在籌備成立一間送報公司，準備嘗試當老闆的滋味呢。」

艾弗森：「當年和你一起賣報的那些人中，現在有比你賺錢更多的嗎？」

約翰：「沒有，他們中倒是有不少人很後悔當初沒有像我那樣堅持下來，其中有四個人現在已成為我的得力助手。」

……

最後，艾弗森站起來，說：「謝謝你，約翰，你給我們做了一次極為精彩的演講。」說著，他遞給約翰一張一千美元的支票。

約翰非常驚訝：「你付給我的報酬太多了，我只是隨便說說我的經歷而已。」

艾弗森讚賞的撫摸著他的頭，說：「孩子，我相信，你今天這番演講的價值，要超過我所支付報酬的一萬倍。」

不久，奇蹟發生了，小約翰一次極為簡單的演講，竟如一粒火種點燃了許多員工消沉的心，使凱利公司一步步壯大成為了世界赫赫有名的跨國集團。而報童約翰，後來則成為了美國的「報界大亨」。

財富箴言

只有淡季思考，沒有淡季市場。

只有夕陽企業，沒有夕陽產業。

產生動力的不是壓力，而是希望。

3. 困難時，用左手溫暖右手

某知名企業家馬先生的創業始自一間翻譯社。1992 年，馬先生和朋友一起註冊、成立了翻譯社，它是當地第一家專業翻譯機構。但開張第一個月，翻譯社僅收入五千元，而房租高達兩萬元！親朋好友勸馬先生「回頭是岸」，幾個朋友也打起了退堂鼓，開始考慮「關門大吉」。

而馬先生卻在誰也沒有通知的情況下，一個人背著大麻袋跑去隔壁城市，從鮮花到禮品，從襪子到內衣，從書籍到小家電，但凡稍微能賺些小錢的小商品，他全往麻袋裡裝，然後一麻袋一麻袋、氣喘吁吁的背回去，靠賣這些小商品的利潤養活奄奄一息的翻譯社，直到三年後翻譯社逐步實現獲利。

多年以後，馬先生在電視節目中說：「我永遠相信只要永不放棄，我們還是有機會的。最後，我們還是要堅信一點，這世界上只

要有夢想，只要不斷努力，只要不斷學習，不管你長得如何，不管是這樣，還是那樣 —— 男人的長相往往和他的才華成反比。今天很殘酷，明天更殘酷，後天很美好，但絕大部分人死在明天晚上，看不到後天的太陽。創業這麼多年，我遇到了太多的倒楣事，但只要有一點好事，我就會讓自己非常開心，左手溫暖右手。」

財富箴言

輸贏是暫時的，拚命卻是永恆的。

訴苦訴不出救世主，自助才能有出路。

第七課　他們都曾經迷信過

1. 你的命相與富貴無緣

1973 年，中東爆發石油危機，使得能源嚴重依賴進口的某些國家經濟遭受重創，一時間，百業凋敝，失業人群陡增。困惑之餘，人們只好向預測學大師們求助。

這一天，一家著名的算命館來了一位男客，他蓬頭垢面、滿臉愁容，還有一手的油汙，大約 50 歲。他誠懇的請大師為自己指點迷津，趨吉避凶，誰知大師看了半晌，搖搖頭說：「你的命相與富貴無緣。你應該踏實下來找份工作，做個上班族 —— 你不適合創業。」

換作其他人，一定會意志消沉的聽從大師的建議，但他卻不這麼做，大師的話反倒激發了他的鬥志，最終他憑著超乎常人的信心和毅力，扭轉了逆境，成了一位不折不扣的「造命人」。他就是某知名工業公司集團的創辦人蔣先生。

蔣先生在抗日戰爭期間加入了軍隊，官至上尉。日軍投降後，他再次披上國軍戰衣，參加了內戰。1949 年，蔣先生隨著戰敗軍隊逃走。幾個月後，他的妻子也輾轉找到他一起生活。

當時的蔣先生，舉目無親、身無分文，也沒有一技之長，還不懂當地語言。為了生存，他先後做過很多苦力活，甚至不得不去

第七課　他們都曾經迷信過

日本為美軍做海外勞工。十幾年間，蔣先生與家人都過著朝不保夕的生活。直到一個偶然的機會，他被鄰居介紹進入了飛機工程公司工作。

　　蔣先生非常珍惜這次機會，他邊做邊學，買了很多關於機器操作與維修的書籍，經常一看就看到半夜，不斷充實自己。後來，他離開了公司，進入一家美國人開設的「石利洛」飛機零件生產公司當總管。在那裡，他接觸了更多的機器知識，也學到了不少管理知識。

　　然而好景不長，「石利洛」被其他集團接手，蔣先生丟掉了工作。但此時的他早已今非昔比，經過籌畫，他與友人於 1958 年創辦了一個小型修理機械零件工廠。

　　可惜的是，由於他們資本有限，生產技術也很落後，因此他們生產的機器很快便被市場所淘汰。見此情景，有人心灰意懶，便退出了自己的股份。

　　單槍應戰的蔣先生卻沒有被挫折嚇退，在一無資金、二無人脈的情況下，他只能對自己狠一點，更狠一點，每一天二十個小時在工廠度過，甚至數日都不回家，連續工作。經過數年如一日的鑽研，蔣先生的汗水終於有了回報。1965 年，他推出的螺絲直射注塑機榮獲了「最新產品榮譽獎」，一舉打下了自己的地盤。1971 年，又推出了全油壓增壓式螺絲直射注塑機，備受各大廠商歡迎，後來成了響噹噹的工業品牌。

　　但老天註定要給成大事者更多挫折，就在蔣先生準備大展拳腳之際，1973 年，受中東石油危機影響，塑膠業首當其衝，數十家工廠先後倒閉。他的工廠也受間接影響欠下了銀行一千萬元貸款，被逼還債。

從算命館回來後，蔣先生再次迸發出一股狠勁。他先是找到銀行交涉，最終獲准將存貨與機器出售後按月還貸。接下來，蔣先生便扎根在工廠裡，每天工作二十個小時，竭盡全力應對危機。結果三個月後，他便償還了五百多萬元貸款。銀行見他商譽良好，也沒有進一步追討欠款，於是贏得了一個寶貴的喘息機會。經濟復甦之後，它便一飛衝天，業務蒸蒸日上。現在業務遍及全球四十多個國家和地區，每年營業額高達數億元。

財富箴言
做自己的救星，照自己的前程。
選擇什麼樣的行動，就得到什麼樣的結局。

2. 除你之外根本沒有聖人

三十多年前的一個早晨，美孚石油公司董事長貝里奇巡視工作時，碰到一件很奇怪的事：一個年輕的黑人在擦地板，每擦一下，他都要虔誠的跪拜一下。貝里奇走上前去，問他為什麼要這麼做。年輕人對他說：「我在感謝一位聖人。」貝里奇又問：「為什麼要感謝那位聖人呢？」年輕人回答說：「是聖人幫我找到了一份工作，這樣我以後就不用挨餓了。」

貝里奇聽了以後笑著說：「我也遇到過聖人，就是他讓我成為公司董事長的，你想見他一下嗎？」

年輕人說：「我是一個孤兒，在教會裡長大，我很想報答所有幫助過我的人。這位聖人若使我吃飽之後，還有餘錢，我願去拜訪他。」

貝里奇說，你一定知道南非的溫特胡克山，那上面住著一位聖

人，能為人指點迷津，凡是能遇到他的人都前程似錦。二十年前我曾經登上過那座山，正巧遇到他並得到他的指點。假如你願意去拜訪，我可以給你一個月的假。

這個黑人年輕人是個虔誠的教徒，很相信神的幫助，他謝過貝里奇就上路了。經過一個月的艱苦跋涉，他終於登上了白雪覆蓋的溫特胡克山。但他在山頂徘徊了一天，除了自己，什麼都沒有遇到。沒辦法，黑人年輕人失望而歸。見到貝里奇後，他說的第一句話是：「董事長先生，一路上我處處留意，直至山頂我也沒有發現什麼聖人，整座山上只有我自己。」

貝里奇一本正經的說：「你說得很對。除你之外，根本沒有什麼聖人。」

二十年後，這位黑人年輕人成了美孚石油公司開普敦分公司的總經理，他的名字叫賈姆那。2000 年，他作為美孚石油公司的代表參加了「世界經濟論壇大會」。一次記者招待會上，面對眾多記者關於他傳奇一生的提問，他說了這麼一句話 —— 你發現自己的那一天，就是你遇到聖人的時候，也是你人生成功的開始。能創造奇蹟的人，只有你自己。

財富箴言

做自己的上帝，創自己的世界。

要給人工作，也要給人智慧和信仰。

3. 命運就像一粒葡萄

「三盛樓」是著名老字型大小飯店，關於它的由來，有這樣一個傳說：

　　明朝時，有一個年輕人跟親戚合夥做棉花生意。他們第一次外出進貨，就遭遇了數十年不遇的暴雨，數千斤棉花在倉庫裡發霉，損失慘重。年輕人黯然返鄉後不久，其父經營的餐廳又因意外失火被燒成一堆瓦礫。從此，他的家境一貧如洗，他的父母也因為悲傷過度先後病故。迷茫的年輕人在集市上請一個極為靈驗的算命先生為自己卜了一卦，算命先生掐指一算，如實相告：「年輕人，實不相瞞，你這輩子都不會再有發跡之日。」

　　年輕人聽了萬念俱灰，從此整天無所事事，靠親戚和一些好心鄰居的接濟勉強度日。終於有一天，他厭倦了這個世界，便獨自跑到河邊自殺，好在被一個路人看到，及時將他救起。路人問他年紀輕輕的為什麼要尋死，年輕人就將自己的不幸命運告訴了路人。路人說，是嗎，不過你有沒有想過，萬一那個算命先生算得不準，你豈不是白死了？年輕人吃驚的看著路人，因為這個問題他從沒有想過。接著，路人又告訴他，你不如到附近的湛山寺去拜見一個名叫惠明的禪師，他不僅算得準，而且能為你消災解難，指點迷津。

　　和路人分手後，年輕人心懷最後一線希望，前往湛山寺拜見惠明禪師。見到禪師後，他將自己的不幸遭遇對惠明禪師傾訴了一遍，然後問道：「命數可以逃避嗎？」

　　惠明禪師微捻蒼髯，笑著說：「命，是由你自己造成的。你做了善事，命就好了；你做了惡事，命就不好了。那你此前做過惡事嗎？」年輕人搖了搖頭。惠明禪師仍笑著說：「那麼，從現在開始，就重修你的命運吧。」年輕人有些迷惑的問：「師傅，命運還可以重修嗎？」惠明禪師沒有回答，卻從瓷盤裡摘下一粒葡萄握在手裡，而後問道：「你能告訴老衲，這一粒葡萄是完整的還是破碎的嗎？」年輕人思考了一會兒說：「如果我告訴您它是完整的，您一用力它

就會變成破碎的了。」惠明禪師朗聲笑了起來，說道：「命運就像這粒葡萄一樣，就在你的手中啊！」年輕人終於悟出了惠明禪師的禪意，重新振作起來，操起父親生前的生意。他先是在街市上擺了一個小吃攤，生意一點一點做大。後來，他的家業日益擴大，最終成為了「三盛樓」的首任掌櫃。

財富箴言

命運在自己手裡，而不在別人口中。

一個人開始關心自己的命運的時候，

通常都是失去信心的時候。

第八課　他們都曾經怨過

1. 你或許是一條無鰾魚

　　多年前，有一個年輕人從農村來到城市，由於他一貧如洗，也沒什麼知識和本領，因此備受屈辱。在離開所在的城市之前，他寫了一封信給當時著名的銀行家羅斯，抱怨命運對他的不公。

　　讓年輕人感到欣慰的是，羅斯在百忙中回信給了他。但羅斯並未對他的遭遇表示同情，只在信中對他講了一個故事：

　　在大海裡生活著很多的魚。每一條魚都有魚鰾，因為魚鰾產生的浮力可以使魚在靜止狀態時自由控制身體。此外，魚鰾還能使魚的腹腔產生足夠的空間，保護其內臟器官不因水壓過大而受損。可以說，魚鰾決定著魚的生死存亡。

　　但是有一種魚卻是異類，牠們天生就沒有鰾！牠就是被人們稱為「海洋霸主」的鯊魚！

　　沒有鰾，非但沒死，反倒成了霸主，這究竟是怎麼回事？科學家研究發現，這竟是因為鯊魚沒有鰾，一旦停下來，身子就會下沉。所以牠們只能永不停息在水中游泳，長此以往，練就了強健的體魄和非凡的奮鬥力。

　　最後，羅斯在信的結尾說：這座城市就是一個浩瀚的海洋，受

過高等教育的人比比皆是，但成功者卻很少。年輕人，你或許就是一條沒有魚鰾的魚……。

那一晚，他躺在床上久久不能入睡，反覆咀嚼著羅斯的話。第二天一早，他找到旅館老闆說，只要能給他一碗飯吃，他願意留下來做服務生，分文不要。旅館老闆在確定他不是開玩笑之後，高興的留下了他。

短短十年，他便擁有了令人欽羨的財富，並且成為了羅斯的東床快婿。他就是石油大王哈特。

財富箴言

有時阻止我們前進的不是貧窮，而是優越感。

世界是強者的世界，力爭上游是一種無奈。

2. 人生在世，首先要選擇生存

義大利人皮爾‧卡登是世界級的服裝大師，很多年輕人都以他為榜樣和方向。鮮為人知的是，少年時期的皮爾一點都不喜歡服裝，他從小就喜歡舞蹈，一直都想當一名出色的舞蹈演員。只因家境貧寒，父母根本拿不出錢來送他上舞蹈學校。

後來，皮爾連普通的學校也不能讀了，父母將他送去一家縫紉店當學徒，希望他能幫家裡減輕負擔。但皮爾厭倦布匹、針線和剪刀，他覺得自己是在虛度光陰。時間一長，他甚至認為，與其這樣痛苦活著，還不如趁早結束生命。

絕望中的皮爾給自己崇拜的「芭蕾音樂之父」布德里寫了一封信，他認為只有布德里這樣的大師才能明白自己。他在信中說希望布德里能夠收下自己這個學生，並且在信的結尾提醒對方：如果您

不回我的信，不肯收我為徒，我只好為藝術獻身，跳河自盡！

布德里很快回了信，並且答應收下他這個學生，但卻不提具體事宜，而是告訴他，其實自己很小的時候，也不想做什麼藝術，而是想當一位科學家，可是家境貧困，無力送他上學的父母只好讓他跟著一個街頭藝人賣唱……最後，布德里說，人生在世，現實與理想總是有一定距離的，首先要選擇生存。只有好好活下來，才能讓理想之星閃閃發光。一個連自己的生命都不珍惜的人，是不配談藝術和理想的。

布德里的回信讓皮爾猛然驚醒。在之後的日子裡，他努力學習縫紉技術，23 歲便在巴黎開創了自己的時裝事業，如今，以他的名字命名的產品遍及全球，他本人也早已躋身億萬富翁行列。有一次，他在接受記者採訪時說：其實我並不具備舞蹈演員的素質，當舞蹈演員，只不過是一個年少輕狂的夢。如果當時我不放棄當舞蹈演員的理想，就不會有今天的皮爾·卡登。

財富箴言

成功，從停止抱怨開始。

抱怨不如改變，逃避不如適應。

3. 你難道一點也不生氣嗎

一百多年前，一個名叫亨利·內斯特萊的德國富家子弟受父親牽連，被迫逃亡瑞士，躲避政治迫害，原本無憂無慮的生活頓時變得捉襟見肘，從未有過的艱辛，讓他的脾氣變得十分暴躁。

一天，亨利路過一片農田，那裡剛剛經受過一次洪水的侵襲，良好的莊稼被無情毀壞，一片狼藉，慘不忍睹。這不由讓他聯想到

自己的命運變遷。正想著，遠處一個正在公作的農夫闖入了他的視線。莊稼已經成這樣了，他還在忙什麼呢？亨利好奇的走過去，發現那個農夫正在補栽莊稼，他做得非常賣力，臉上看不到一點沮喪的神情。

「辛辛苦苦種的莊稼被毀掉了，你難道一點也不生氣嗎？」亨利問。

「生氣？生氣和抱怨是沒有效果的，那樣只會使事情變得更糟糕。年輕人，這都是上帝的安排 —— 洪水雖然毀壞了莊稼，但也帶來了豐富的養料。我敢保證，今年一定是個豐收年。」說完，那個農夫居然哈哈大笑起來。

農夫的話給了亨利極大的啟發：是啊，抱怨不能改變任何事實，只能使事情變得更糟糕。他對農夫深深一鞠躬，覺得心中的鬱悶與不快都煙消雲散了。後來，亨利成了一名藥劑師，每天沉浸在科學研究中。當時，很多新生兒由於沒有合適的母乳替代品，死亡率非常高，他立志研發一種可以替代母乳的乳製品。在研發的過程中，他經歷過無數次失敗，每次失敗時，他都會想到那位農夫的話，不生氣、不抱怨、不拋棄、不放棄，最終研製成功了一種用牛奶與麥粉混製而成的嬰兒奶粉。後來，亨利還成立了自己的公司，這家公司，就是我們所熟知的雀巢。

財富箴言

抱怨是無能的表現，沮喪是沉淪的開始。

天若有情天亦老，抱怨比腳踏車胎漏氣的聲音還沒意義。

第九課　他們都曾經學過

1. 這個老闆瘋了吧

　　23 歲那年，韓裔日本人孫正義得了肝病，整整在醫院住了兩年。期間，他一共閱讀了將近四千本書籍，平均每天五本。讀完這些書後，孫正義解開了自己多年來百思不得其解的困惑，那就是要想成為世界首富，就必須從事最新興、最具發展潛力的行業。

　　一出院，他就創立了自己的公司。公司開業那天，只有兩名員工，孫正義站在公司裝蘋果的水果箱上面，跟他們介紹說：「我叫孫正義，二十五年之後，我將成為世界首富，我的公司營業額將超過一百兆日幣！」兩個員工聽得目瞪口呆，聽完之後立即辭職不做了，他們都以為老闆瘋了 —— 但他們不知道孫正義兩年之內讀了四千本書籍！

　　後來，在網路經濟升溫時，孫正義果真實現了自己在蘋果箱上的誓言，他的財富一度超過比爾蓋茲。不過，成功後的孫正義也曾經坦言：「最初所擁有的只是夢想和毫無根據的自信而已。」

財富箴言
　　大丈夫就應該志氣高昂！

那兩位員工即使不辭職也難成大器。

先富腦袋，再富口袋。腦袋富了，口袋自然會富。

腦袋空空，口袋多富也會漏空。

2. 兩百本以下我一定不要你

某知名教育集團董事長在一次演講中說：「讀書多，就意味著眼界更加開闊，更會思考問題，更具創新精神。本集團有一句話叫做『知識的厚度決定事業的高度』。『知識的厚度』主要來自兩方面，首先就是多讀書，讀了大量的書，知識結構自然就會完整，就會產生智慧；其次是人生經歷。把人生經歷的智慧和讀書的智慧結合起來，就會變成真正的大智慧，就會變成一個人創造事業的無窮動力。基於此，本集團招聘高級人才時都是我面試。我的首要問題就是你大學讀了多少本書，如果你回答只讀了幾十本，那我一定不會要你。我心中的最低標準是兩百本，我自己在大學期間讀了八百本。而我的班長王同學，在大學裡讀了一千兩百本，平均每天一本。有人會問，讀完書忘了跟沒讀過有什麼區別嗎？其實完全不一樣。就好比談戀愛，一個談過戀愛後又變成單身漢的人和一個單身漢相比是有自信的。因為當他看到別人談戀愛的時候，他會在旁邊『嘿嘿，想當初老子也是談過戀愛的』！實在不行來不及讀，你可以到書店看著那些書，記著那些名字，用手摸一下，這樣也能增加一點人文氣質。」

財富箴言

讀書破萬卷！

只要不自暴自棄，誰不要都沒關係。

3. 請問亞馬遜河有多長

微軟總裁比爾蓋茲雖然大學都沒畢業，但他從小喜歡讀書，小學階段就讀完了整部《世界大百科全書》，對天文、歷史、地理等各學科都很了解。成功後的比爾蓋茲曾說過：「是我家鄉的公立圖書館成就了我。如果不能成為優秀的閱讀家，就無法擁有真正的知識。我直到現在依然每天至少要閱讀一個小時，週末則會閱讀三至四個小時。這樣的閱讀，讓我的眼光更加開闊。」後來，比爾蓋茲發明了閉關讀書法：每年進行兩次為期一週的「閉關修練」。閉關期間，他把自己關在一棟別墅中，閉門謝客，讀書充電，思考未來。據了解微軟發展軌跡的人說，蓋茲每次閉關之後，微軟都會有驚人之舉。

有一次，一個自以為學識淵博的哈佛大學畢業生去微軟面試，比爾蓋茲問他：「請問你是哈佛大學畢業的嗎？」

「是的，準老闆，我是哈佛大學畢業的。」對方回答。

「請問你很聰明嗎？」

「我是以第一名的成績畢業的，智商應該還不錯。」

「那你今天是來應徵微軟公司的產品部經理嗎？」

「是的，準老闆，希望我能有機會為您服務！」

「既然你這麼聰明的話，那我就考一考你 —— 亞馬遜河有多長？」

「亞馬遜河……？」高才生頓時傻了眼。

「答不出來是不是？」比爾蓋茲微微一笑，說：「顯然你不夠聰明。你還是再多讀些書再來面試吧！」

財富箴言

亞馬遜河有多長？不知道的趕緊查查。

書中自有黃金屋。不要羨慕有錢人，他們都在忙著讀書。

4. 我教他們還差不多

有人曾經隨口問知名企業家嚴先生是否未來讀個博士，他表示：「沒時間。」對方繼續說：「那作業我替你做！」嚴先生說：「我當年就是為了文憑，才去念了一個研究生。拿博士？我才不用呢！再說，誰能當我的導師？我教他們還差不多，社會這所大學我知道的比他們多。」

嚴先生還有另外一番「狂論」，他說：「最近我常常自我安慰，真正要成為企業界一流的菁英，應該都是不讀書，不看報紙的。為什麼呢？能夠學習知識的是三流人；能夠在讀書看報紙中舉一反三，觸類旁通，創造知識的人，是二流人；能夠在生活中無中生有，創造知識的人，才是一等人，因為生活才是永恆的老師。一流的企業家講理念，三流五流的講理論，傳統意義上的學習拘泥於書本，停滯在校園，原來都是幼稚園的東西。在風雨中的飄搖，生與死的考驗中，沒有倒下，生存下來，這才是真知識……華羅庚只是個國中生，齊白石是木匠出身，李嘉誠小學沒讀完，比爾蓋茲也不過讀了一半大學……現在商學院裡的老師，沒有一個是在企業工作了五年以上的高級主管，全都是不懂管理的人在培養管理人才。」

財富箴言

「盡信書不如無書」，堅決不做兩腳書櫥。

書讀的不多沒有關係，就怕不在社會上讀書。

第十課　他們都曾經玩過

1. 我找他們玩一款線上遊戲，晚不晚

　　在很多家長的心中，「線上遊戲」這四個字幾乎等同於「洪水猛獸」。生活中，被線上遊戲搞得不思進取乃至傾家蕩產者大有人在。不過幾家歡喜幾家愁，現在最紅的線上遊戲策劃者史先生就是個例外。他從最初的菜鳥，一路玩過來，居然玩成了線上遊戲公司董事長，稱得上現實生活中的「傳奇」。

　　早年史先生迷上了線上遊戲，當時主要是玩《傳奇》。那時候，由於等級較低，基本上他只能任人宰割，隨便一個路人甲就可以扁他一頓。一天晚上，在多次被人隨便 PK 掉之後，鬱悶的他找到了本區等級最高的帳號，對方是某網咖老闆。他當即打電話通知一位經理，花一萬元將對方的帳號買下。但高等級的帳號依然無法讓他所向披靡，急得他直接撥通了老闆的電話。老闆告訴他，如果沒有好的裝備，等級高也沒用。於是他又花了五萬元從其他玩家那裡買來了頂級裝備。終於在虛擬世界裡找到了久違的感覺。

　　後來，史先生改玩另一款，感覺比《傳奇》要好，只是不明白裡面為什麼還是有那麼多不合理的設置。再後來，他又換別的遊戲，感覺均不如意。當然，不管什麼遊戲，他玩起來都是不遺餘力

的。據說有一次，他玩一款 3D 遊戲居然玩到嘔吐！再後來，他得知有些遊戲的開發團隊內部鬧翻了，合作不愉快，他立即聯想到：我找他們玩一款線上遊戲，晚不晚？最終醞釀出了今天的《征途》。

很多玩家都在網路上罵過：做遊戲的都他 O 是不懂遊戲的，或者說，開發遊戲的都他 O 的沒玩過遊戲。不過史先生又是例外。為什麼他總是例外？他說過：「誰消費我的產品，我就要把他研究透澈。一天不研究透澈，我就痛苦一天。」他是怎麼研究的呢？找玩家聊天。據說，在開發《征途》的過程中，他至少與兩千個玩家聊過天，每個玩家至少兩個小時，也就是至少聊過四千個小時。即使每天聊十個小時，也要聊上四百天。

難怪人家玩遊戲都能玩出錢來！

財富箴言

一邊玩一邊賺錢是本事，一邊賺錢一邊玩是境界。

千萬不要除了玩遊戲，其他什麼都不玩。

2. 我在想著瓶子

八十幾年前的一個夏日黃昏，一個美國年輕人站在路口焦急等待著自己的女友。年輕人名叫路托，是當地一家製瓶廠的普通工人，她的女友既溫柔又漂亮，而且很愛他。今天是他們約會的日子。

女友來了，她穿著一件當時非常流行的緊身裙，這種裙子將膝蓋部分設計得很窄，更能凸顯女性的曲線美，再加上裙子上幾條亮麗的斜紋線條，將路托年輕漂亮的女友襯托得更加迷人。

「喂，你在想什麼？」見路托目不轉睛盯著自己的裙子，女友覺

得很難為情。

「噢，我在想著瓶子。」

「你明明是在看我的裙子，怎麼會想著瓶子呢？」女友覺得非常奇怪。

「是這樣，我在想，如果把我們的瓶子設計成妳穿的裙子的樣子就好了。」

女友知道路托是個很有事業心的年輕人，她愛的就是他這點，當即表示可以將這條新買的裙子送給路托「研究」。經過試製，路托成功設計出了一款可與女友的裙子相媲美的瓶子，這種瓶子不僅美觀、別致、易握，而且由於瓶子上添加了線條，可以使瓶子裡的液體看起來比實際的分量要多。不久，路托將設計專利賣給了可口可樂公司，獲利六百萬美元，一夜之間躋身富翁之列。

財富箴言

沒錢，玩的時候也不快樂；有心，玩同時也是工作。

技術永遠是工具，賣的永遠是創意。

3. 為什麼不能馬上看照片

蘭德是美國一個鏡片製造商。一個假日，他好不容易從繁忙的事務中擺脫出來，陪著心愛的小女兒去公園遊玩。女兒喜歡照相，為了讓她開心，蘭德頻頻按下照相機的按鈕。很快，一個膠捲就用完了。

蘭德把膠捲從相機裡取出來，準備換一個新的，這時，女兒跑過來，天真的嚷著：「快，爸爸，讓我看看拍得怎麼樣？」

「傻孩子，膠捲是不能看的。」蘭德笑著解釋道：「那樣會曝光

作廢的。」

「那要等到什麼時候才能看到呢？」

「至少要幾個小時。」

「不嘛，我們馬上要回家了，如果拍得不好，再也無法重拍了！」女兒不依不饒。

「沒關係，萬一拍壞了，下星期我再陪妳玩，接著拍。」蘭德想蒙混過關。

「你總是那麼忙，下星期誰知道你還有沒有時間再陪我來玩！為什麼不能馬上讓我看到照片呢？」

「那是沒辦法的事，拍好的膠捲要沖洗，要印製，需要兩次操作才能看到照片。」蘭德耐心解釋。

女兒固執的說：「什麼兩次三次的，難道就不能一次把照片印出來？那該有多好啊！」

「一次成像！」聽了女兒的話，蘭德的腦子裡立即閃過一個念頭：「是啊，為什麼不能一次就搞定呢？應該可以的！」

得益於蘭德以往對照相器材的興趣和研究，幾個月後，蘭德和設計人員就製造出了「拍立得」相機，又稱「一分鐘相機」，意即拍攝之後一分鐘內就能看到照片。這種神奇的相機推出後，吸引了很多顧客競相購買，當時的「相機大亨」柯達公司只能眼睜睜看著自己的蛋糕被人切走。

財富箴言

有些小孩乖，有些小孩煩；有些爸爸惱，有些爸爸能賺錢。

快樂是金錢的催化劑，金錢是快樂的保證金。

第十一課　他們都曾經撿過

1. 我可以幫你把絲綢處理掉

　　美國人斐勒出生於貧民窟中，和大多數在貧民窟中長大的孩子一樣，他小時候不喜歡上學，性格頑劣，經常蹺課，但他從小就有一種發現財富的非凡眼光。

　　有一次，還在上小學的斐勒在大街上撿到了一輛舊玩具車，修好後，他把玩具車出租給同學們玩耍，每次收取租金一美分。不到一星期，他賺的租金便足以買一輛新玩具車了。斐勒的老師得知後，感慨的對他說：「如果你出生在富貴人家就好了。那樣你將來一定會成為一個出色的商人。可惜，以你現在的出身，你能成為街頭小販就不錯了。」

　　中學畢業後，斐勒果然成為了一個小販。他賣過五金、電池、檸檬水，每樣都做得很好，然而正如他的老師所說的那樣，他的出身限制了他的事業發展。直到後來一批絲綢服裝從天而降，才澈底改變了他的命運。

　　那是一個夏天的晚上，斐勒去酒吧喝酒時，無意中聽到這樣一個消息：一個經營絲綢服裝的日本商人，由於在航運過程中遭遇暴風雨，導致部分服裝被染料浸染，總量有一噸多。他想低價賣掉，

但一時之間找不到買主；他想扔在港口，又怕環保部門處罰。思來想去，日本商人決定在回程時將那批絲綢扔進大海。

真是太棒了！斐勒知道，財富已經砸到了他的腦門上！當天夜裡，斐勒便找到了那個日本商人，表示自己可以幫他把絲綢服裝處理掉，分文不取。日本商人當即應允。之後，斐勒請人把這些原本將被扔進大海的絲綢製成了迷彩服裝、迷彩帽、迷彩領帶等，以相對較低的價格拋售。幾乎一夜之間，他便擁有了數十萬美元的財富。

此後，斐勒又憑藉其非凡的眼光締造了一個又一個商業傳奇，但最神奇的是，他居然能利用自己的死來賺錢。事實上，他也是世界上第一個想到利用自己的死亡賺錢的商人。77歲那年，自知時日無多的斐勒在病床上讓祕書發布了一個消息，說自己將要去天堂，如果有誰願意為自己的親人帶個口信，他非常樂意幫忙，不過要付給他一百美元的快遞費。比這個荒唐的消息更荒唐的是，很多人出於無聊和好奇，紛紛寄錢給斐勒，幾天時間他就收到了十多萬美元。如果他能多堅持幾天，找他傳訊息的人可能會更多。

而且這還不算什麼，接著，斐勒又讓祕書刊登了一條遺囑廣告：我是一位紳士，願意和一位有教養的女士共用一個墓地。居然真的有一位貴婦人願意出資五萬美元，和他一起長眠！

財富箴言

現實版的《貧民窟裡的百萬富翁》。

寶貝放錯了地方就是廢物。沒有廢物，只有「廢人」。

2. 你應該想到一加一大於二

　　第二次世界大戰結束後，一對猶太人父子走出納粹集中營，輾轉來到美國德州，在那裡開設了一家小小的銅器作坊。

　　一天，父親問兒子：「一磅銅的價值是多少？」兒子回答：「35美分。」父親說：「整個德克薩斯州都知道每磅銅的價格是 35 美分，但作為猶太人的兒子，你應該說 3.5 美元。當別人說一加一等於二的時候，你應該想到一加一大於二。不信你把一磅銅做成門把手看看。」兒子恍然大悟。

　　父親死後，兒子獨自經營生意。他做過銅鼓，做過鐘錶上的銅發條，還做過奧運的銅質獎牌，一磅銅居然被他賣到了 3500 美元！然而，真正使他揚名的卻是一堆垃圾。

　　當時德州有一座高大的自由女神像，由於年久失修，州政府決定將女神像推倒，但推倒女神像後，廣場上留下了幾百噸廢料：碎渣、廢鐵、朽木、水泥……這些垃圾既不能就地焚化，也不能挖坑深埋，只能運到很遠的垃圾場去。州政府經過計算，如果請運輸公司的話，清理這些垃圾至少得花 25,000 美元。

　　於是，州政府以最低價格向社會廣泛招標。但幾個月過去了，沒有一家運輸公司應標。因為這件事既髒又累還賺不了多少錢。大家打定了主意，拖也得拖到政府漲價。

　　這時，正在法國旅行的銅器店老闆得到了這一消息，他立即飛往紐約，看過堆積如山的垃圾，他當即表示願意承擔這件苦差事，而且出人意料的表示政府根本不必出 25,000 美元，只需要給他 2,0000 美元就行。他唯一的條件就是不管他將來如何處理這些垃圾，只要是合法的，政府便不得干涉，更不能因為看到有什麼成果

而反悔。

運一堆垃圾，還能有什麼成果嗎？政府官員們在疑惑之中與他簽了合約。很多有心插手卻想坐地起價的運輸公司都對他的舉動暗自發笑。心說這個自作聰明的傢伙，一定是想把垃圾偷偷找個隱蔽的地方倒掉，那樣的話，你就等著環保組織起訴吧！

在一片嘲諷聲中，銅器店老闆開始召集人力對垃圾進行分類。他把廢銅熔化，鑄成一尊尊小的自由女神像；把木頭加工成神像的底座；把廢鉛、廢鋁改鑄成紀念幣；把水泥製成小紀念碑；還把神像各部位尤其是臉部破成小塊……然後讓人裝在一個個精美的小盒子裡。

與此同時，他還透過州政府，僱了一些警察，將垃圾團團圍住，只在垃圾周邊豎起一個牌子：「過幾天這裡將有一件奇妙的事情發生。」結果引來了很多人圍觀。

幾天後，又發生了一件趣事，居然有人悄悄溜進去偷剛剛製成的紀念品，被抓住了。這件事立即傳開，各大媒體亦紛紛報導，很快便傳遍全美。更多的人開始關注這座已變成垃圾的自由女神像。

見火候已到，他開始實行最後一步計畫。他在每個紀念品盒子上都寫上了一句傷感的話：「美麗的女神已經遠去，我只能留下一塊作為紀念。我永遠愛她。」他的那些紀念品，小的 1 美元一個，中等的 2.5 美元一個，大的 10 美元左右。女神的嘴唇、桂冠、眼睛、戒指等部位，則高達 150 美元一塊……這些紀念品不僅被人們迅速搶購一空，他的做法還在美國社會上形成了一股極其傷感的「女神像風潮」。當然最重要的是，他從中淨賺了十幾萬美元。

財富箴言

有智慧就有希望，有眼光就有錢途。

財富總在別人不屑一顧的地方。

3. 我這是在畫餅充飢

19 世紀初，美國有個窮人叫約瑟夫，每次經過商店櫥窗時，他都忍不住往裡張望：裡面有他迫切需要的生活用品：衣服、餅乾、香腸、香檳，還有漂亮的售貨員小姐，因為他還是個單身漢。

這天，單身漢約瑟夫忽然想到了一個可以暫時解決煩惱的好辦法，那就是去撿一些商店或顧客丟掉的包裝箱，這樣，當他餓時，他就可以打開一個餅乾箱；當他冷時，他就可以打開一個衣服箱……儘管裡面空空如也，或者只有他的一件爛衣服，但他在這些空包裝箱中享受到了久違的滿足感。

可惜沒過幾天，新的煩惱又來了。當時的包裝箱並不像今天的包裝箱一樣，印有商品的名稱、圖形、說明等，而是以廢報紙和白報紙包裝，千篇一律，誰也別想從包裝上看出裡面裝的是什麼東西。這樣一來，約瑟夫在自欺欺人時感到很不方便：有時他需要「吃餅乾」，打開的卻是一個衣服箱；有時需要「穿衣服」時，卻又拿了一個餅乾箱。

怎麼才能解決這個問題呢？無聊的約瑟夫決定在各種包裝箱上畫上內裝物品的圖樣，以示區別。圖形畫好後，他還認真的塗上色彩，使其開箱前一目了然，而不至於「陰錯陽差」。

一天，一個朋友見到他的空箱子時，驚異的問：「約瑟夫，這是你做的嗎？你這是要做什麼？」

約瑟夫說：「我這是在畫餅充飢！」

「畫餅怎麼能充飢呢？」朋友看了他一眼，再次像以往那樣勸他不要自暴自棄，不求上進。

是啊，畫餅不能充飢，但怎麼才能充飢呢？晚上，約瑟夫打量著自己的箱子，忽然他發現自己的箱子比起以往那些白色的包裝箱，具有獨特的魅力，如果再在上面印上產品的廠名、位址等，不僅能刺激顧客的購買欲，而且也有利於廠商宣傳，極具推廣價值！

好在約瑟夫的人緣還不錯，不久他就借錢創立了世界上第一家彩色包裝公司。最終，他的發明不僅引發了包裝史上的革命，也使他自己由一個窮人變身為擁有百億身家的大富翁。

財富箴言

有些人至死沒畫過餅，有些人始終在畫餅。

貧窮是財富的導火線，幻想是創富的引擎。

4. 把它化成金屬是不是能多賣些錢

王先生是一個以收破銅爛鐵為生的人。剛開始，他也像其他同行一樣，走街串巷吆喝一氣：「收破銅爛鐵囉，收破銅爛鐵囉！」雖然辛辛苦苦，收入卻總是不盡如人意。

有一天，王先生突發奇想：「收一個易開罐才賺幾分錢，如果把它熔化了，作為金屬材料賣，是否可以多賣些錢？」想到這裡，他立即拿來一個空易開罐，將它剪碎後裝進一個腳踏車的鈴蓋裡，將其熔化成一塊指甲大小的銀灰色金屬，然後花了 3,000 元在當地的有色金屬研究所做了化驗。化驗結果顯示，這是一種很貴重的鋁鎂合金，當時市場上的鋁錠價格，每噸在 7,0000 至 9,0000 元之間，

每個空易開罐重 18.5 克，54,000 個就是一噸，這樣算下來，賣熔化後的合金材料，比直接賣易開罐要多賺六七倍的錢！於是，他決定開一個金屬再生加工廠，透過回收易開罐，進行熔煉，出售合金材料。

為了有足夠的易開罐煉化，他一方面打出了高價收購的牌子，把當地幾分錢一個的易開罐提升到每個一角四分，同時，他印了數百盒名片，廣泛向同行們散發。一週時間，他就收到了

一卡車易開罐，足足兩噸半。一年內，他的小作坊就用空易開罐煉出了 240 多噸鋁錠，淨賺一百多萬元。接著，他擴大生產規模，三年時間便賺到了數千萬元。

財富箴言

做一行就要愛一行，愛一行才能精一行，精一行才能賺一行。

窮人要知道窮的原因，更要找到路在哪裡。

第十二課　他們都曾經創造過

1. 誰丟中了旗子，誰就可以吃煎餅

　　唐朝時期，陝西有個叫竇義的富商，他小時候家庭貧困，生活窘迫。15歲那年，竇義的一個遠房親戚從外地卸任回到長安，帶回了幾十雙絲鞋，送給窮親戚們。親戚們一擁而上，搶作一團，只有竇義不為所動。最後剩下一雙大號的，竇義雖不能穿，但還是禮貌的收下，拜謝而歸。

　　不久，竇義把那雙大號絲鞋偷偷拿到集市上，換得五百錢，然後請鐵匠打了兩把鋒利的小鐵鏟，悄悄藏在床底下。進入初夏時節，長安城中到處飄落榆樹莢，竇義打掃、收集了很多。然後，竇義找到一個稍微闊氣些的伯父，請求到伯父家的廢宅中去讀書，伯父見他爭氣，爽快答應了。其實他根本不是去讀書，而是每天天一亮，便用那兩把小鐵鏟在廢宅中開墾荒地，挖溝、澆水、播種、培土……將收集下的榆樹莢全部種下。不久，天降甘霖，榆樹莢生根發芽，茁壯成長。當年秋天，已長到一尺多高，多達數萬株。

　　轉過年來，小榆樹已長到三尺多高。竇義開始間伐樹苗，挑選枝條茁壯直挺的留下繼續生長。他間伐下來的小榆樹共有百餘捆，晒乾後每捆賣了十多個銅錢。第三年秋後，小榆樹已長得有雞蛋那

麼粗了，寶義再次間伐，得榆柴二百多捆，獲利更多。五年後，小榆樹全部長大成材，寶義僱人將其伐倒，共得木材兩千餘根，加上此前所得，共獲利數十萬錢。

此時的寶義已是小富翁一個，但他沒有小富即安。他拿出一部分資金，從四川購進了一些青麻布，請人製成袋子，又從本地購買了幾百雙新麻鞋，然後他把附近街巷中的小孩全都召來，發給他們每人三張餅、十五文錢和一個小布袋，讓他們揀拾槐樹子。月餘，共收集槐樹子兩車。接著，他又讓小孩子們揀拾破麻鞋，每三雙破麻鞋可以換一雙新麻鞋。遠近的人們聽說後，前來以舊換新者絡繹不絕，難以計數。幾天時間，他便收得舊麻鞋一千多雙。與此同時，寶義又先後購進了靛油和幾堆碎瓦片，並僱人將靛油熬好，將瓦片上的泥汙和他收來的破麻鞋一起洗淨。

備好上述原料後，寶義又添置了一些必要的工具，然後僱人將破麻鞋剪爛，將瓦片砸碎，又摻上槐樹子和靛油，接著讓人日夜不停搗爛。待原料搗成乳狀，寶義命人將其做成長三尺、徑三寸的粗棒狀物，晒乾後存放起來，共一萬多根，他給這些粗棒狀物取名為「法燭」（相當於現在的蜂窩煤）。

當年六月，長安城下起了傾盆大雨，到處積水，車輛難行，市民們連燒火做飯的柴草都買不到。這時寶義及時將「法燭」拿出來售賣，每根一百錢，市民們用「法燭」燒火做飯，發現它的功效比柴草強很多，不久便將寶義的法燭搶購一空，寶義因此獲利無數，財富更上一層樓。

緊接著，寶義盯上了長安集市正中的一片低窪積水的爛泥地，這塊地的主人雖然捉摸不透他的用意，但還是把地以三萬錢的「高價」賣給了寶義。寶義買下爛泥地後，請人在地中間樹上了一根高

竿，上面掛一面小旗，又專門僱了幾個人製作煎餅和糰子，請附近的小孩子們玩投擲磚瓦的遊戲，說誰丟中了旗子，就可以吃煎餅或糰子。孩子們聽說後，爭先恐後跑去丟磚瓦砸小旗，有丟中的，**寶義絕不食言**，當即獎勵吃食，孩子們興致更高，丟完了撿，撿完了丟，不到一月，他們丟的磚頭瓦塊就填平了爛泥地。寶義在上面規劃一番後，建造了二十間店鋪，由於地處鬧市，每天都能獲利數千錢。

財富箴言

一個饅頭可以引發血案，一雙絲鞋可以造就富翁。

有一種實力叫眼光，有一種創業叫創意。

2. 你難道是我家米缸裡的老鼠

「台塑大王」王永慶小時候家裡非常窮，吃一頓地瓜粥，就算改善生活。王永慶的媽媽炒菜時，一般都是往鍋裡滴幾滴油，人稱「滴油騙鍋」。

7歲那年，父母取出多年存的銅板，把王永慶送進了學校。人家的孩子第一天上學，都是穿著漂漂亮亮的新衣服，王永慶還是平常那一套：褲子是用麵粉袋改做的，上面還印著「中美合作」的字樣；根本沒有錢買鞋子，他只能赤腳在泥濘的山路上奔波；書包就是一塊破布……後來，王永慶的父親又不幸染病，臥床不起，王家雪上加霜，王永慶不得不輟學走上社會。

14歲時，王永慶到南部一家米店做學徒。在米店，他任勞任怨，處處留心，很快將經營米店的竅門摸得一清二楚。第二年，他便央求父親借來200元，開起了自己的米店。

在王永慶開店之前，當地的米店其實已經飽和了，因此剛開始，王永慶的生意一點都不好，甚至隨時有倒閉的可能。

怎樣才能把顧客吸引到自己的米店中呢？王永慶頗費了一番心思。

首先，他發現，受加工技術所限，當時的成品米中大多混雜著米糠和沙子，買賣雙方都見怪不怪，王永慶卻自找麻煩，每次都是先把米中的雜物揀乾淨之後再出售。

其次，王永慶發現，買米的顧客大多是家庭主婦，她們力氣小，扛著一袋米走起路來非常吃力，於是他主動提出送貨上門，並且直接把米倒進顧客的米缸裡，還定期為顧客提供免費清洗米缸的服務。

有一天，王永慶見到一位老顧客從米店前經過，他馬上叫住對方，說：「您家的米缸裡已經沒多少米了，今天是不是要買些回去？」那人非常吃驚：「你難道是我家米缸裡的老鼠？連我家的米有多少都知道！」原來，每次送米時，王永慶都會以話家常的方式打聽顧客的資訊，比如家裡有幾口人、一個月吃多少米、老闆何時發薪等等，然後一一記在隨身攜帶的小本子上。這樣他就完全掌握了客戶的需求資訊，客製化服務。後來，王永慶還學會了主動出擊，估算著誰家的米吃得差不多了，他便預先送米上門。顧客不方便時，他便先行賒欠，待顧客發薪時再上門收帳。

在王永慶的凌厲攻勢下，米店生意迅速改善，很快便助他完成了第一桶金的累積。

財富箴言

當店員不理想，試著當店長。

沒有只做生意的人，只有服務別人的人。

3. 何不做個兩用的插座呢

松下電器創始人松下幸之助創業之初主要是生產插座，由於技術薄弱，資金短缺，他生產的插座性能不太好，銷路不暢，公司很快瀕臨破產的邊緣。

一天晚上，松下獨自走在回家的路上，經過一個窗戶時，屋內一對姐弟的對話引起了他的注意。

一個男孩子叫道：「姐姐，妳燙好了嗎？我急著做作業呢！」

原來他的姐姐在燙衣服。那這跟弟弟做作業有什麼關係呢？原因是當時市面上銷售的插座只有一個插孔，若是燙衣服，就不能用電燈。

只聽那個姐姐哄著弟弟說：「好了，好了，我很快就燙好了。」

「老是說快燙好了，已經過了半小時了。」

「哪有？」

「就有！」

姐弟倆吵個不停，互不相讓。

松下幸之助想：這都是因為插頭害的。只有一根電線，有人燙衣服，就無法開燈看書；有人看書，就無法燙衣服，這不是太不方便了嗎？我何不做個可以兩用的插頭呢？

回到家，松下認真研究了這個問題，不久，他就設計出了兩用插頭。產品問世之後，銷路非常好，訂購的商家也越來越多，簡直

是供不應求，松下的工廠迅速走上了穩步發展的軌道。

財富箴言

創新不等於全新，別把創新想得過於複雜。

創業也好，創新也罷，為的都是創收、創效益。

第十三課　他們都曾經看過

1. 那幅壁畫還在不在

1979 年 1 月，知名商人霍先生提議在當地蓋一家五星級飯店，也就是後來的白天鵝飯店，由他投資 1350 萬美元，再以白天鵝飯店做抵押向銀行貸款 3631 萬美元，合作期為 15 年。這是當地第一家五星級飯店。期間發生了一件「霍先生在機場看裸女畫」的小趣事。後來霍先生回憶說：「當時來投資，就怕政策突變。那一年，首都機場出現了一幅少數民族節慶場面的壁畫，壁畫上有一個裸體少女，這引起了很大一場爭論。此後，我每次到機場，都要先看看這幅畫還在不在。如果在，我的心就比較踏實。」

財富箴言
看似無厘頭，細品有真理。
誰能借你一雙慧眼？

2. 你看到了鄙夷，我看到了商機

1930 年，魯本·馬塔斯從波蘭移民至美國，他在紐約開了一間小小的冰淇淋店，由於他手藝高超，又注重商德，漸漸有了一些

小名氣。

可惜好景不長，馬塔斯的生意一天不如一天。因為很多同行開始往冰淇淋中添加各種人造添加劑，這樣不僅有助於提高冰淇淋的口感和觀感，還能降低成本。

員工們建議馬塔斯也這樣做，但馬塔斯認為，那意味著他的冰淇淋從此將與天然食品劃清界限，他遲遲拿不定主意。

一天，馬塔斯和幾個同行一起去商店買東西。當時天氣炎熱，幾個小孩正在商店門口買冰淇淋。看他們的穿著，就知道他們是窮人家的孩子。這時，一對衣冠楚楚的富人夫婦經過商店門口。只聽其中的先生提議說：「買兩支冰淇淋吧！」女人的臉上頓時現出贊同的神情，但她扭頭看了看幾個吃冰淇淋的窮孩子，立即改變了主意，說了句：「算了。」拉著男人繼續向前走去。

這一幕恰好被馬斯塔等人看在眼裡。一個同行氣憤的說：「滿身銅臭的女人！窮人在吃，妳就不吃了？難道還想讓人專門為你們有錢人生產一種冰淇淋？」幾個同行紛紛附和，馬塔斯卻想：現在市面上缺的就是象徵高貴與富有的冰淇淋！

回到店裡，他對幾個員工說：「我們要在現有基礎上，不計成本的提高產品精細程度，無論是原料還是加工過程！」

「那樣我們的成本會更高，更沒辦法跟別人競爭。」熱心的員工們紛紛勸阻，「況且，花這麼高的成本，製作冰淇淋這種人人都能買的便宜貨，不值得啊！」

「誰說我要做人人都能買的便宜貨？」馬塔斯信心十足的說，「目前市面上缺少的是大多數人買不起的冰淇淋！那是我們的金礦！」

經過無數次試製，馬塔斯終於半年後推出了有香草、巧克力和咖啡三種口味的高檔冰淇淋，還為他的新產品取了一個高級的名

字，也就是我們今天熟知的「哈根達斯」。多年以後，當馬塔斯的同行們問他怎麼會想到生產「哈根達斯」時，他說：「其實很簡單，當年那個女人的神情的確令人生厭。但你們只看到了鄙夷，而我卻看到了商機！」

財富箴言

慧眼＋慧耳＋慧心＝慧根＝銀根。

財富就在令人生氣的地方。

你不生氣它不來，你光生氣它又會被嚇跑。

3. 今年的高粱一定減產

　　清代大商人曹三喜原本是一個普普通通的農夫，清軍入關前，他不滿現狀，獨闖關東，以種菜、養豬、做豆腐起家，略有積蓄後，開始利用當地盛產的高粱釀酒。有一年秋天，曹三喜回老家山西探親，起程不久便看到路上滿滿的紅高粱，他不禁隨手折了幾根，但他意外的發現，高粱稈內蛀蟲很多，這引起了他的注意，他趕緊又折了幾根，發現每根高粱稈都被蟲子蛀了，心想：蟲災這麼嚴重，今年的高粱一定減產，高粱一旦減產，行情勢必走高，於是他立即打消了探親的念頭，折回關外，大批購進高粱。其他商號卻被即將豐收的假象所迷惑，不僅大量出售庫存的高粱，還譏諷曹三喜「犯蠢」。結果等到秋收時，高粱產量果然因為蟲害大減，行情陡漲，曹三喜不僅為自己儲備了大量原料，還拋出了大量高價高粱，大發其財。

財富箴言

財富無祕密，萬物有玄機。

有識還要有膽，有膽還要有謀。

4. 為什麼不在電梯裡掛臺電視

　　某知名傳媒創始人江先生身上的一切光環都源於一個偶然的創意：2001 年的一天，他發現了一個一直被忽略的事實：不管氣宇軒昂的男士還是花枝招展的女生，在等電梯時，他們的眼睛總是無處尋覓，也不知道盯在哪裡，除了偶爾掃別人幾眼，更多的時候只能盯著自己的腳尖。沒幾天，他又無意中瞥到了電梯裡的幾張小廣告，他立即突發奇想：如果在電梯裡掛個螢幕，一定會吸引人們的注意。

　　事實證明，這確實是一個廣大的廣告市場。在成立不到兩年的時間裡，該知名傳媒一路攻城掠地，把電視撒到了全國多座大中型城市中，建立了一個全新的廣告載體，江先生也從一個原本名不見經傳的小老闆搖身一變為「當代傑出廣告人」。

財富箴言

市場就在我們的眼睛裡，財富就在我們的行動中。

開發的是市場，而不是產品。

第十四課 他們都曾經聽過

1. 我們這裡沒有熱水瓶膽

1987 年 9 月的一天，當時還是一名窮學生的王先生去學校附近的商店買東西，剛進門，他就看見一個男生正在和店老闆吵架。只聽那個男生大聲說道：「你賣的熱水瓶品質不好，還沒有超過三個月，就不保溫了，我要求換一個。」店主見到顧客上門，為息事寧人，趕緊解釋道：「你不用大聲嚷嚷。我們這裡沒有瓶膽，要不你再買一個新熱水瓶吧，我給你折扣，好不好？」

看到這裡，王先生當時靈機一動：如果我專門賣熱水瓶膽，一定能賺錢。很快，他就開始了小範圍內的攻城掠地，學校附近的市場基本飽和後，他又將眼光看向其他學校。兩年後，他幾乎壟斷了全市大專院校的熱水瓶膽生意，再也不是以前的窮學生，之後成為知名連鎖服務業公司的董事長。

財富箴言

需求就是商業，商業就是滿足需求。

尋找自己的短缺，發現別人的短缺。

2. 三天兩頭停電

「天不怕，地不怕，我不去發財誰去發財！」—— 這是知名企業集團董事長繆先生的名言。小時候，精明的他曾經用賣柴換來的一角錢，為全家買回了五樣物品：一根縫衣針、一盒火柴、兩分錢的鹽、一點菸絲和一張捲菸紙。

長大成人後，繆先生整天思索如何才能白手起家。23 歲時，他設計出了當地第一臺菸絲加工機，靠著這個小發明，當時當地一個人最多收入三塊錢，而他卻一天淨賺兩百元！

1987 年的冬天，繆先生帶著一萬元來到大城市。有一天，他在街上閒逛時突然看到一家因經營不善而瀕臨倒閉的採石場在招標。他想自己的家鄉的傳統手藝正是採石，於是他馬上跟朋友借了十萬元，將這個採石場承包了下來。當時處於高速發展階段，修路、造橋、建房，樣樣離不開採石，開採石廠可謂適逢其時。不過早在他來之前，成千上萬家採石隊就已經先走一步，在任何有利可圖的區域擺開了陣勢，而他一沒資金，二沒人脈，所以起步階段的他十分艱難。

在艱難起步之後，繆先生的好運來了。一次飯局上，他無意中聽到一位供電公司的朋友說：這地方，電力嚴重不足，三天兩頭停電，尤其是七八月分。

停電？停電將意味著什麼？繆先生反覆思索這個問題。終於，他腦子裡靈光閃現：停電意味著一到七八月分，所有採石隊將出現電力危機，影響正常作業。他立即籌集了一筆款項，買了一臺柴油發電機，坐等良機。

果然不出預料，1988 年夏天，受電力不足影響，很多採石場被

迫停工，只有繆先生的採石場因為有自備發電機，持續生產，從而在同行業中脫穎而出，一夜之間便擊敗了無數競爭對手。當別人醒悟過來時，悔之已晚。

財富箴言

世上從不缺少機遇，缺少的只是有準備的人。

機遇喜歡微服私訪，往往以你不注意的方式到來。

3. 西方人做生意就是不一樣

有一次，「紅頂商人」胡雪巖去上海做絲綢生意，下榻在裕記客棧。一天中午，他在客棧中休息時，無意中聽到了隔壁房間裡兩個房客關於上海房地產的一段談話。

只聽一個人說：「這西方人賣房地產跟中國人就是不一樣，你看人家，從一開始，就把道路啊、住宅啊、市場啊安排得頭頭是道，可中國人呢，常常是先做好生意，住了人之後再修路，而且修路多半是自發的，順其自然的，誰也沒有重視過修路的事。」

另一個人說道：「是啊，照目前上海灘的情況看，大馬路、二馬路這麼修下去，南北方向的熱鬧繁華是可以預見的。不過在我看來，向西一帶更有可為。因為這西方人吃定大清國了，以後這地盤一定會越來越大。可惜我沒資本，如果有錢，趁這時候不管是水田還是葦蕩，盡量買下來，等到西方人的馬路修到那裡，坐在家裡就能發大財。」

聽到這裡，胡雪巖躺不住了。出於商人的職業敏感，他覺得這是一個大好的機會。他馬上起身，僱了一輛馬車，在城西一帶實地勘察了半日，並在路上擬定好了兩個方案：第一，在資金允許的情

況下，趁地價便宜，盡量多買一點，待價而沽；第二，趕緊找古應春（洋採購，胡雪巖的朋友）摸清西方人開發的大致規劃，搶先買下西方人準備修路的附近的地皮，轉眼就可以賺錢。

不用說，胡雪巖利用這一偶然聽到的資訊再一次賺了個盆滿缽滿。而在這之前，他還從未涉足過地產投資。

財富箴言

誰控制了資訊，誰就能控制世界。

機會不屬於有錢人，不屬於有權人，只屬於有心人。

第十五課　他們都曾經說過

1. 我們一起做，你做不做

　　1991 年，早就蠢蠢欲動的馮先生再也按捺不住創業的熱情，放棄了光明的仕途，選擇了經商。在知名集團歷練過一段時間後，馮先生南下，與友人成立了自己的公司。

　　當時馮先生手裡只有 15 萬元，但當過幹部的他信心十足的找到一家信託投資公司的老闆，大談特談房地產的機遇以及自己的為人和出身。取得對方的初步認可後，開始向對方講自己剛剛弄明白的新名詞「房貸」，他說這是一種全新的做房地產的形式，用很少的錢就可以做很大的專案，對方聽得似懂非懂，但被他的說辭打動了。

　　最關鍵的時刻到了，馮先生盯著對方的眼睛說：「這一單，我出 6500 萬元，你出 2500 萬元。我們一起做，你做不做？」對方一聽馮先生出大額款項，自己出小額，風險共擔，太厚道了，馬上點頭同意。

　　談判就此結束，馮先生立即騎著腳踏車回去寫文件。在最短時間內將手續辦完，請合作友人在最短的時間內將錢拿回來。恰巧友人也是談判高手，很快拿到了 2500 萬元。幾個人以這 2500 萬元作抵押，立即從銀行貸出了 6500 萬元，然後用這 9,000 萬元購買了八

棟別墅，重新包裝之後又賣出去，一下子賺了 1500 萬元。

多年以後，馮先生如此總結道：「做大生意必須先有錢，但第一次做大生意，誰都沒有錢，在這個時候，自己可以知道自己沒錢，但不能讓別人知道。當大家都以為你有錢的時候，都願意和你合作做生意，你就真的有錢了⋯⋯做生意的人都特別能『說』，而且你會發現，尤其是創業者，他們會就一件事情不停的說，說過之後，當著你的面還可以重新講給別人聽，一點心理障礙都沒有。要沒有心理障礙的對某一件事情反覆的講，講到最後連你自己都相信了，然後你才能讓別人相信。」

財富箴言

事業是闖出來的，生意是談出來的。

舌頭不休息，致富有希望。

讓別人占便宜，談什麼都順利；

占別人便宜，談什麼都沒下文。

2. 賣東西就像嫁女兒

有一次，松下幸之助路過一個經銷商的店鋪，見店內待售的電器滿是灰塵，便叫來店主。店主不認識他，還以為是顧客，趕緊熱情向他介紹產品。

松下說：「您大概很忙，這樣吧，我幫您把這些商品擦一擦，看看哪一個更好，我要挑最好的。」說完，就動手擦拭起來。

店主愣了一下，也動手擦拭起來。很快，所有電器都光亮一新。店主正要感謝松下，松下說：「我是松下幸之助，不是來買電器的。我路過這裡，進來看看。松下電器有今天的成就，多虧你們的

關照和支持。」

　　店主面帶愧色的說：「我的工作沒做好，真不好意思。松下先生，請多指教。」

　　松下說：「賣東西就像嫁女兒。女兒漂亮，年輕人才會喜歡。」

　　此後，店主每天都會把店鋪和商品收拾得乾乾淨淨，生意也漸漸興隆起來。

財富箴言

　　少說大道理，多說白話文。

　　和你的顧客做親家，經常看望出嫁的女兒，關心她在婆家的表現。

第十六課　他們都曾經問過

1. 怎麼讓孩子買給您呢

　　史先生創業前曾經在農村抽樣調查隊工作過一段時間，因此，他對調查研究工作一直情有獨鍾。

　　當年，含有褪黑激素的保養品剛剛推向市場時，效果並不理想。銷售人員的解釋是市場上的保健品，尤其是類似的保健品太多。史先生不信邪，他親自出馬，進行市場調查研究。他戴著大墨鏡，挨家挨戶的尋訪自己的潛在顧客 —— 留守家鄉的老人們。

　　為了了解老人們對含有褪黑激素的保養品的潛在態度，史先生反覆向老人們提出下列問題：「您以前吃過補藥嗎？」

　　「您覺得自己需要可以改善睡眠的保健品嗎？」

　　「它還可以調理腸道、通便、增強精力，對您有用嗎？」

　　「如果價格不太高的話，你願意吃嗎？」

　　答案是一定的。

　　不過老人們也告訴史先生：「我想吃，但我沒錢，我等著我兒女買給我。」

　　「怎麼讓孩子買給您呢？」

　　大部分老人說只能靠自覺。

「那您吃完後，如果還想吃怎麼辦？」

「也不能直接跟他要啊，我一般是把喝完了的保健品盒子放在顯眼的地方，他看到盒子空了就又買了。」一個老大爺不好意思的介紹自己的經驗。

史先生敏感的意識到，看來自己應該把含有褪黑激素的保養品定位為禮品，看來應該在送禮和孝道上做做文章……不久，「今年過節不收禮，收禮只收含有褪黑激素的保養品。」這一史上最煩人的廣告便橫空出世，十多年來，它至少為史先生帶來了上百億的財富。

財富箴言

行銷沒有專家，唯一的專家是消費者。

選對池塘釣大魚，問對問題賺大錢。

2. 你們覺得這點薪水滿意嗎

有一次，王永慶去一家分公司視察，發現正在鋪草坪的三個工人工作散漫，毫無效率，便走上前去詢問：「你們一天的薪水是多少？」

工人回答：「OOO元。」

「那你們覺得這點薪水滿意嗎？」

工人回答：「非常不滿意，這種工作只能是湊合做，補貼家用。」

王永慶又問：「如果我多付一倍薪水，你們能做到什麼地步？」

聽說能多賺錢，工人們興奮了，說：「如果發給我雙倍薪水，我就做三倍的工作。」

……

那天，三個工人真的得到了雙倍的薪水，而他們的工作效率是原先的3.5倍。後來，王永慶常常提及此事，教育部下要效率優先，而不是一味降低成本。

財富箴言

你讓員工滿意，員工就讓你加倍滿意。

員工走進你的工廠裡，你要走進員工心裡。

3. 洗衣機排水管怎麼那麼多泥

有一次，知名電器公司總裁張先生到農村去考察，發現農夫用的洗衣機排水管經常有汙泥堵著。他就問：「你這個洗衣機的排水管怎麼那麼多泥？」

農夫說：「我這個洗衣機不但用來洗衣服，還用它來洗地瓜。」

回來後，張先生就對科學研究人員說，農夫用我們的洗衣機洗地瓜，把排水管都堵住了，你們能不能想想辦法。科學研究所一位年輕人大學畢業剛一年，他對張先生說：「洗衣機是用來洗衣服的，怎麼能用來洗地瓜呢？」張先生說：「農夫給我們提供了一個很重要的資訊，這個資訊是用金錢無法買到的，你們要研發一種能洗地瓜的洗衣機。」科學研究人員接到這個課題以後，在一個月的時間裡就把這個「大地瓜洗衣機」做出來了。實際它裡面也沒有高深的學問，只不過是安裝了兩條排水管，一條粗一點，一條細一點，洗地瓜時用粗的，洗衣服時用細的。「大地瓜洗衣機」推向市場後受到了廣大農夫的喜愛，獲得了很好的經濟效益。

財富箴言

顧客的難題，就是我們要開發的課題。

最大的問題是看不出問題。

4. 為什麼？為什麼？為什麼

有一次，日本豐田汽車工業公司總經理大野耐一得知生產線上有臺機器老是停機，修了多次仍然無效，就問相關人員：「為什麼老是停機？」

「因為機器超負荷工作，保險絲燒斷了。」對方回答。

「為什麼會超負荷呢？」大野耐一接著問。

「因為軸承潤滑不好。」

「為什麼潤滑不好？」

「因為潤滑泵吸不上油來。」

「為什麼吸不上油來？」

「因為油泵軸磨損，鬆動了。」

「為什麼磨損了？」

「因為油泵沒有安裝篩檢程式，混進了鐵屑。」

至此，問題已經水落石出。大野耐一馬上下令：給油泵安上篩檢程式。生產線迅速恢復正常，並且再也沒有因為上述問題而停機。

財富箴言

發現問題＋解決問題＝沒有問題。

總是沒問題，一定有問題。多問為什麼，問題少很多。

第十七課　他們都曾經探過

1. 這裡的黑啤酒怎麼比原產地還便宜

　　環遊世界是很多年輕人的夢想。2003 年，英國男孩大衛・史密斯剛剛大學畢業，便踏上了自己的夢之旅。

　　兩年後，大衛輾轉來到上海。在這座美麗的東方城市，他發現了一個奇怪的現象：在上海，健力士黑啤酒的售價非常便宜，不僅比美國、日本等已開發國家便宜，而且比健力士黑啤酒的原產國英國還便宜！這著實令人難以理解。大衛是學行銷管理的，這件事一下子激起了他的濃厚興趣。為把這事弄清楚，他展開了縝密的調查。

　　三個月後，事情總算水落石出：並不是中國商人精於算計，也不是發往中國的健力士黑啤酒出廠價格更低。關鍵在於運輸費用，也就是說，健力士黑啤酒從愛爾蘭運到上海比運到倫敦的費用更低。表面看來，上海比倫敦不知要遙遠多少倍，這絕無可能，但實際上，拜中國成為「世界工廠」所賜，近年來，每一天都有大批裝滿集裝箱的中國遠洋貨輪駛向世界各地。而當這些貨輪返航時，一半左右都是空艙。所以，委託這些貨輪運貨到中國，運費往往十分低廉。

想到這裡，彷彿有一道靈光從大衛的腦海中閃過，他忽然意識到自己已經看到了一座高大的金礦山。第二天，他便中止了自己的環球旅行。一個月後，他和中國遠洋集團簽訂了運輸協定。三個月後，一大批產自歐洲各國的知名日用百貨被運到了上海。然後，大衛開始有計畫的行銷，他的銷售對象主要是生活在上海的歐洲人。這些歐洲人一看，這些來自故鄉的產品不僅原汁原味，而且價格比在歐洲當地還便宜，便毫不猶豫的購買。一時間，大衛的生意好得不得了。幾年時間，大衛的個人財富便迅速累積到數千萬美元。

財富箴言

讀萬卷書不如行千里路，行千里路不如閱人無數，閱人無數不如仙人指路，仙人指路不如自己頓悟。

讀萬卷書不如行千里路，行千里路不如看名人名著，看名人名著不如背名人語錄，背名人語錄不如陪名人散步，陪名人散步不如自己感悟，不能感悟就逐步深入。

2. 韓國人買秸稈做什麼

長期以來，農作物秸稈在農村的主要用途是燒火或餵牲畜。隨著生活水準的提高，人們用瓦斯燒菜做飯，牲畜則被農用機械車所替代，因此大部分秸稈成為了廢物，很多農夫乾脆將其在田間附近燒掉。

但進入 20 世紀後，一些韓國企業開始大量在其他國收購農作物秸稈。原本從事倉儲物流業的封先生在成功與該公司做成了幾筆生意後，不禁心生疑竇：「韓國人買秸稈做什麼？」帶著這一疑問，他悄悄前往韓國暗訪，發現對方是將秸稈打碎，做成原料在工廠裡生

產高級食用菇類。原來，食用菇類工廠在日、韓等地已展開了將近三十年，在當地基本上還是空白。

經過周密考察，封先生於 2007 年引進了生產線，開始在工廠生產食用菇類。如今，他一手創立的食用菇類公司已成為規模最大的鴻喜菇生產基地。

財富箴言

不入虎穴，焉得虎子；不入敵營，焉知敵情？

好奇害死貓，無知害死人。

3. 為什麼人家肯出五千萬元

知名商人王先生剛開始只是一個泥瓦匠學徒，每天除了工作，他還要幫師傅煮飯、洗衣服。為了練好技術，他還主動找別的師傅義務工作。經過一番勤學，他 18 歲就做了工頭，19 歲成為專案負責人。23 歲，已是工頭的王先生就賺到了自己的第一桶金。30 歲時，他已經是億萬富翁了。

1999 年，王先生花了 1.5 億元買下了一個藥材倉庫，準備興建住宅。倉庫剛到手，房子還沒蓋，就有人透過關係找到他，表示願意出五千萬元的天價年租來租這個倉庫，而且要簽五年或十年的長期契約。王先生表示考慮考慮，但這個人根本不給他考慮的時間，不厭其煩，走了又來，簡直是「三顧茅廬」。

對大多數人來說，簽個合約就能賺幾億元，這已經是喜出望外的發財機會了，可王先生並沒有為馬上就可以到手的高昂租金而驚喜。他試圖弄明白，為什麼人家肯出五千萬元的年租？羊毛出在羊身上，利潤必然有源頭。經過一番調查，他發現：原來靠出租物業

而獲取的租金非常可觀，去除裝修、宣傳、行銷等成本，一年下來最少有一億元的利潤！再聯想到商界巨擘麥當勞、肯德基其實不是賣漢堡的食品零售商，而是擁有眾多頂級地段黃金物業的地產投資商，於是他明確拒絕了那個執著的求租者，然後投入了五千萬元進行裝修，將倉庫改造成了建材購物中心。幾年時間，購物中心的市值便提高了十倍，與此同時，購物中心也由最初的 4500 坪擴張到 18,000 坪，整體市值超過一百億元。

財富箴言

成功要耐得住寂寞，賺錢要架得住誘惑。

送上門來的便宜未必便宜，不求甚解的精明未必高明。

第十八課　他們都曾經斷過

1. 燕人怎麼會自毀長城

孔子的高足子貢有一次和幾個商人結伴到北方去購買一批木材，剛出衛國邊境，就聽到路邊的人們在討論北方的戰事，說燕國的騎兵放火燒了幾千畝山林，幾十萬株良木被焚得乾乾淨淨。

如此一來，木材一定漲價了，同行的商人搖頭嘆息，打點行裝就回去了。但是子貢卻想：「燕人靠近北方，一向擅長山地作戰，何必燒那些山林呢，這不是白白毀掉了自己的軍事屏障嗎？」

他斷定這是個假消息，堅持按計畫前行，等到了燕國，發現果真如此。而且，木材不僅沒有漲價，反而比往年便宜了很多。原來這是一位齊國商人僱了些人到處造謠，阻止其他商人與之競爭，壓低自己的批發價格。

財富箴言

智者不惑，勇者不懼，仁者不憂。

聽大數人的意見，和少數人商量，自己作決定。

2. 密切關注叛軍動向

1973 年，非洲小國薩伊發生了武裝叛亂。除了當地居民和鄰近的幾個國家之外，大多數地球人都覺得對自己沒有多大關係。消息傳到日本後，卻引起了三菱公司的高層們的極大震動。他們認為，緊臨薩伊的尚比亞是世界級的銅礦生產基地。一旦叛軍向尚比亞方向轉移，勢必會影響銅礦的生產，進而引起世界市場銅價波動。

因此，三菱公司命令公司的情報人員密切注視叛軍的動向。不久後，叛軍果然向尚比亞方向轉移。三菱公司立即在毫無反應的原銅市場上買進了一大批銅，待價而沽。

時隔不久，三菱公司的預計果然應驗──叛軍切斷了交通線，國際市場上銅價大增，幾天之內每噸上漲了將近一百英鎊，三菱公司轉手之間就賺取了數百萬元的利潤。

如果你認為三菱公司這次不過是碰巧撞到了財神爺，那你就大錯特錯了。三菱公司能夠雄踞世界商壇數年不倒，與其重視情報資訊工作休戚相關。事實上，三菱公司在世界各地設有一百二十八個資訊機構，僅情報僱員就多達三千七百人。設在日本東京的三菱公司總部情報中心，每天可接收到來自世界各地的資訊多達十幾萬條！其中包括電報四萬份、電話六萬多次、郵件三萬多封。光是每天消耗的電信電報紙，其長度連接起來就可以繞地球十一圈！在五分鐘內，三菱公司可以接通世界各地。正是靠著這種超強的資訊獲取、回饋能力，三菱公司才能在世界商戰中屢次快人一步，爭得商機。

財富箴言

每個人都是潛在的客戶，每件事都有隱形的商機。

洞悉市場的風吹草動，發現財富的來龍去脈。

3. 請立即飛往墨西哥

一個週末的上午，美國企業家亞默爾像往常一樣坐在辦公室裡瀏覽著當天的早報。他一邊看著報紙，一邊想著中午的野餐 —— 妻子已經說過好多次了，好不容易今天才有時間。

突然，亞默爾的眼睛亮了起來，他看到了一條只有幾十字的時訊：墨西哥可能出現了豬瘟。他立即聯想到，墨西哥與佛羅里達州和德州接壤，一旦真的出現豬瘟，很快就會蔓延到這兩個州，而這兩個州是美國最主要的肉食生產基地，到時候美國一定肉價飛漲。

想到這裡，亞默爾立即打了電話給他的家庭醫生，劈頭就問對方最近是不是要去墨西哥旅行。家庭醫生被問得滿頭霧水，一時不知怎麼回答。

這時眼看就到中午了，野餐的時間已到，亞默爾索性約家庭醫生到野外與自己和妻子會合。

三個人先後趕到了野餐的地點，但亞默爾哪還有心思野餐，他費盡口舌並且給了家庭醫生一筆豐厚的旅費，請他立即飛往墨西哥，前往證實一下那裡是否真的發生了豬瘟。

當天下午，醫生便飛到了墨西哥，並且很快證實了當地確實發生了豬瘟，而且呈現越來越嚴重的趨勢。

這下亞默爾心裡有了底，他當即動用自己的全部人力財力，盡可能收購佛羅里達州和德州的肉牛和生豬，並把它們迅速轉運到了

美國東部的幾個州。

　　結果正像亞默爾預料的那樣，瘟疫不僅蔓延到了佛羅里達州和德州，就連臨近的幾個州也開始出現疫情，一時間美國國內肉食品奇缺，價格幾乎上漲一倍，幾個月時間亞默爾便賺進了兩百多萬美元。

財富箴言
資訊像空氣一樣無處不在，但絕大多數人無視它的存在。
沒有直覺或感覺，只有靈敏的「嗅覺」。

4. 趕緊削減馬口鐵的產量

　　1980 年代初，氣象學家研究發現，最近幾年來，世界上許多地方的梅雨季節都比往常延長了十天左右。受海洋氣候影響嚴重的日本更是如此。消息傳開後，立即引起了很多相關行業的注意，如農業、捕撈業及交通運輸業等。

　　氣候影響對馬口鐵是不是也會產生影響呢？大部分人認為這是八竿子打不著的事，唯有日本丸紅商社專門負責馬口鐵生產銷售的經理小林喬認為，這不僅有影響，而且影響深遠。因此，在安排當年的馬口鐵生產時，他大幅度削減產量，轉而把人力、財力用到了別的地方。很多董事會成員對此很不理解，因為當時該公司的馬口鐵生產契約已經排滿，而且在剛剛過去的一年，該公司的產品還供不應求，小林喬怎麼可以有錢不賺？

　　小林喬只得耐心向這些除了關心財務報表什麼都不關心的董事們解釋：梅雨季節的延長並不是一個孤立的事情，它勢必影響到夏天的溫度。在不太炎熱的夏天裡，清涼飲料的銷路勢必減少。而

作為生產飲料容器的馬口鐵的銷量，勢必也會大幅度下降。如果按原計畫進行生產的話，必然會造成產品的積壓。至於那些已經訂立的契約，到時候對方只要支付若干賠償金就可以取消合約，到頭來吃虧的還是我們生產廠商。

很多人認為這有點小題大做，而且有相當的風險：氣象學家的預報是宏觀的，不具有必然性，不太炎熱的夏天與清涼飲料的滯銷也不具有必然關係，萬一氣象學家的預測失誤，小林喬失策，公司不僅會減少一大筆收入，還會丟掉相應的客戶和市場。

但小林喬卻堅持己見，他認為氣象學家預測失誤的可能性很小，即使在某一地區失準，但在全球範圍內應該不會有出入太大，而丸紅商社正是一個全球性的大公司。另外，減少一大筆預期中的收入，總比造成一次重大的損失穩當得多。最終，他成功說服了董事會成員，堅持按自己的意見行事。

事實證明，小林喬的決策是正確的。在之後幾年中，世界上馬口鐵的使用量連年下降，小林喬的敏感不僅使企業避免了一次重大的損失，還由於他把人力物力轉移到了別的方面，為公司開闢了新的財源和生存空間。

財富箴言

風吹草必動，礎潤雨必生。

不要除了對錢敏感，什麼都不敏感。

商人是世界性的動物，沒有任何事情與你毫不相干。

第十九課　他們都曾經冒險過

1. 請看看我們的塑膠花

　　當年，某生產塑膠花的企業想一舉搞垮剛剛起步的李嘉誠。這天，李嘉誠正在工廠裡與幾名技術人員探討設計方案，一個工人神色不安的走過來，嚷道：「不好啦，不好啦，有人在外面拍照，在做負面宣傳，揚言要整垮我們塑膠廠。」

　　李嘉誠一聽，忙對身邊幾名工人說：「你們繼續做，我出去看看。」

　　剛走出車間，李嘉誠就看到有人正在用長鏡頭對著他的廠房拍照。見李嘉誠出來了，那些人連忙抓緊時機將他也拍下來。這時，憤怒的工友們也相繼走出了車間，他們紛紛要求對方交出照相機，李嘉誠卻冷靜的制止了大家，平靜的勸大家說：「大家工作去吧！現在拿了他的照相機，他們明天還會來拍，不達到目的，他們是不會甘休的。」

　　幾天之後，附有破舊的塑膠廠和「無所作為」的廠長的一篇報導在報紙上發表了，李嘉誠自然知道這種負面宣傳將使他陷入危機，但他非但不怕，反而心生一計，決定充分利用這種免費宣傳。在接下來的幾天時間裡，李嘉誠拿著這份報紙，帶著自己的產品，

相繼走訪了上百家的代理商。李嘉誠很坦誠的對他們說：「你們看，塑膠廠在創業階段的廠房是夠破的，我這個廠長也夠憔悴且衣冠不整。但請看看我們的塑膠花，還有幾款我們自己設計的連歐美市場都沒有的品種，我相信品質可以證明一切，歡迎你們到我們廠裡來參觀訂購。」

代理商們驚奇的看著這個誠實勇敢的年輕人，發自內心的欣賞他，再加上真金不怕火煉，經過到塑膠廠現場參觀，不少代理商都表示願意與李嘉誠合作。在得知李嘉誠的事業剛剛發展、資本有限時，有些經銷商甚至主動提出願意先付五成的訂金！

財富箴言

學會危中求機，努力轉危為機。

一恆天下無難事，一誠世上皆好人。

2. 不用救火，快去買磚

南宋紹興十年七月的一天，都城臨安（今杭州市）城中最繁華的街市不慎失火，當時正值天乾物燥，更糟糕的是還有不大不小的風。很快的，火勢迅速蔓延，數以萬計的房屋商鋪被汪洋火海所吞沒，頃刻間房倒屋塌，化為一片廢墟。

大火無情，將無數人的苦心經營毀於一旦。人們或是哭天搶地，或是忙著滅火搶救財產。唯獨一位姓裴的富商，眼看著他的幾間當鋪和珠寶店即將化為烏有，他不僅沒讓店員和奴僕們衝進火海，捨命搶救珠寶財物，反倒不慌不忙指揮大家迅速撤離，一副聽天由命的樣子，讓人大惑不解。

背地裡，裴老闆不動聲色的將眾人派往長江沿岸，平價大量採

購木材、磚瓦、石灰等建築材料。當這些材料堆積如山的時候，他又像個沒事人似的，整天喝酒飲茶，好像一場大火根本與他無關。

大火整整燒了數十天才被澈底撲滅，昔日車水馬龍的臨安大半個城池都被燒毀，到處斷壁殘垣，狼藉一片。不幾日，朝廷頒下安民布告，並下旨重建臨安城，所有經營建築材料的商人一概免稅。一時間，臨安城內開始大興土木，建築用材供不應求，價格一路上揚，裴老闆轉手之間獲利數倍，遠遠超過了火災中焚毀的資財。

財富箴言

危機就是危險中的機遇。

機遇往往以你不喜歡的方式降臨。

3. 危險越大，商機越大

1990 年代初，已經身家過億的李先生輾轉來到馬來西亞。來這裡之前，他打聽到，當地發現了一個大型油氣田，為保油氣暢通外運，政府準備修一條高級公路。那樣的話，公路兩側的土地將迅速大幅升值。

當然，機遇總是與風險為伴。經過分析，始終信奉「危險越大，商機越大。」的李先生開始了一生中最大的一場豪賭：利用所有資產擔保向銀行貸款，拿下公路兩側土地的開發權。

轉眼過了四個多月，油氣田的專案依然沒有結果。他身上的盤纏也越來越少，他先從五星級飯店搬到四星級飯店，然後再搬到三星級飯店，最後他連旅館也住不起了，只能租用旅館的一個小倉庫，每天吃最便宜的便當，然後找機會偷偷溜到旅館的大廳，看一眼當天的晚報有無油田專案成立的消息。

　　倉庫管理員是位老華僑，見李先生處境可憐，非常同情，不僅免了他的租金，每天還特意將自己訂的一份晚報帶給他看。窘迫的生活又過了四十四天，他的心情越來越差，甚至連自殺的心都有了。很意外的，當他得知那個老華僑其實並不識字，那四十四份晚報其實都是特意買給他的。他頓時心頭一熱，再次燃起了希望。當天晚上，他帶著感恩的心認真翻看著報紙，那條姍姍來遲的消息差點沒讓他興奮得跌下椅子：油氣田專案成立了！！！短短一週時間，他拚盡血本買下的土地價格翻了一番。

財富箴言

如果陽光姍姍來遲，記得自己溫暖自己。

人生就像腳踏車，隔段時間就得打打氣。

第二十課　他們都曾經辭職過

1. 難道我這輩子要跟這套桌椅一起度過

　　1984 年，21 歲的潘先生大學畢業後到天然氣公司工作。在那裡，他的聰明才智很快博得了主管的賞識，並被確立為核心成員專業培養。這時，公司新來一個女大學生，這位新同事對分配給自己的辦公桌椅非常挑剔。潘先生勸她：「湊合著用吧。」對方卻說：「潘先生，你知道嗎，這套桌椅可能要陪我一輩子的。」這話深深觸動了他：難道我這輩子要與這套桌椅一起度過？

　　後來，潘先生遇到一位經商的老師。老師說，這裡，如火如荼，錢多，機會也多。他問：「要那麼多錢做什麼呢？」老師說：「要錢做什麼？就說你身上的襯衫吧，如果你有錢，你就可以買兩件，等一件穿髒了，你就可以換另外一件。」

　　不久，潘先生毅然辭職，帶著變賣全部家當換得那些錢，投奔那位老師而去。

財富箴言

溫室裡長不出大樹，院子裡跑不出駿馬。

沒人觸動你，也不要長期待在原地。

2. 難道我這輩子還賺不了一套房子

　　陳先生自幼品學兼優，20 歲便升任公司副總。24 歲時，他升任董事長祕書。幾乎所有的親朋好友都認定，他這輩子一定會走仕途。但是 1996 年，集團總裁被調往新區任副區長時，要帶他一起去，卻被他婉言謝絕了。這讓很多人既困惑又驚訝。

　　更令人吃驚的事情還在後頭。沒多久，陳先生「迫不及待」的從集團辭職，去了一家證券公司。辭職前，一個精明的同事好心勸他說：「陳先生，我們這裡快要分房子了，你等分了房子再走不遲。」對普通人來說，畢業才三四年，就有房子到手，簡直是天大的幸事。但他卻回答：「難道我這輩子，自己還賺不了一棟房子？」

財富箴言

賺錢的入門課，就是學會忘掉賺錢，一往無前。

當鳥翼繫上黃金，它就飛不遠了；

當熱情遇上房子，它很可能被扼殺。

3. 沒有這個先例嘛

　　彭先生是著名企業家。上高中時，老師曾這樣勉勵他：你一定要考到好大學去！考上了，穿皮鞋；考不上，還得回家穿草鞋。於是他努力努力再努力，終以第二名的身分跨進了頂尖大學，畢業後又以優異的成績考進了外交部。

　　在外交部，彭先生工作突出，人緣特好。無須我們渲染，誰都知道他的人生道路上鋪滿了鮮花。但四年之後，他卻「瘋」了：他向上級遞上辭職報告，表示要改行經商！

　　後來，彭先生解釋說：「當我的未來可以計算出來的時候，我就

渴望去走另一條更能表現自己的路了。 既然出來不會很差，那起碼
會覺得比留著更好。」

　　但在當時，外交部的幾千人都震驚了：沒有這個先例嘛！因此
他的辭職書遞上去很久都沒有下文。但這擋不住他。不批准就不批
准吧，他索性不辭而別。短短六年時間，他一手創建的公司就成長
為市場第一品牌，僅品牌價值就高達幾十億元。

財富箴言

很少有人滿意自己的現在，很少有人計算自己的未來。

有些人必須安靜，有些人必須躁動，所有人都需要靜若處子、
動若脫兔。

第二十一課　他們都曾經闖過

1. 經商失敗，我就跳海

　　史先生從小便膽大過人，因此得了個「史大膽」的綽號。1984年，他到資訊公司工作。在那裡，並非資訊工程系出身的他卻編出了一款統計系統軟體，後來該軟體還在統計系統年會上備受好評，並隨即在全國統計系統大力推廣。自然而然的引起了主管的重視，於是被當做核心成員送至頂尖大學繼續深造。

　　可惜，史先生辜負了主管的栽培。他從學校回到家裡，直截了當告訴家人：「我要經商。」家人一百個不同意，朋友們也不支持，都替他擔心：「如果經商失敗，又丟了工作，豈不是竹籃子打水一場空？」

　　但沒人能阻止史先生。臨行前，他慷慨激昂的對送行的親友們說：「如果經商失敗，我就跳海！」

　　1989 年 7 月，史先生帶著自己在深造期間開發的中文卡軟體和「M-6401 桌面排版印刷系統」磁片，隻身來到大城市。在一位器重他的老師的幫助下，他得以租任一處辦公室。但是除了一張營業執照和 2,0000 元，他身無長物。他想進一步完善並推廣自己的中文卡軟體，卻連一臺必需的電腦都買不起。沒辦法，他只好以自己的

中文卡軟體做抵押，求電腦銷售商賒給自己，見對方有所猶豫，他又表示如果對方允許自己推遲半個月付款的話，自己願意加價 5,000元。對方見有利可圖，欣然答應。

　　廣告費怎麼辦呢？還是賒。他以賒來的電腦作抵押，向雜誌社訂了一個價值 4.2 萬元的廣告版面。雜誌社只給了他十五天期限。前十二天，他的帳戶分文未進。在他幾乎就要絕望的第十三天，他一連收到三筆匯款，共計 79100 元！兩個月後，他賺到了一百萬元。這一百萬元，他一分也沒有收進口袋，而是繼續做廣告。又過了四個月，銀行帳戶顯示，他已成為千萬富翁。

　　後來，有記者曾向他提問：「要是十五天過去之後，根本沒有人匯款給你，或者收來的錢不夠付廣告費，你會怎麼辦？」他笑著說：「其實我也不知道我能不能在十五天內拿到訂單，付清廣告費。我只知道看準了，就要賭一把。要勇於做賭徒，沒有什麼好怕的。幸運的是，那次，我贏了。」

財富箴言

人生難得幾回，敗上一回又如何？

「賊心」＋「賊膽」＋「賊腦」＝「賊老大」。

2. 看你們還敢不敢跟來

　　2003 年 7 月 12 日，第二次美伊戰爭結束僅二十天，劉先生懷著創業的夢想和 3700 美元，乘飛機前往伊拉克經商。在出發前，他想為自己買一份人壽保險，但所有保險公司均不受理，因為伊拉克是戰爭地區，適用保險免責條款。於是他輾轉找到美國友邦保險公司，心說美商企業總沒問題吧，誰知對方同樣不予受理，理由同

上。劉先生便跟對方講起了道理：你們美國的總統布希先生明明在六月二十日宣布了伊拉克戰事結束，那樣的話伊拉克就不屬於戰區了，你們跟你們的總統說法不一樣，這怎麼回事？一席話說得對方啞口無言，最後，經過請示，他終於買到了一份保險。

劉先生為什麼執意要去伊拉克經商呢？原來他透過電視看到了兩則新聞，一則說，雖然美軍占領了伊拉克，但當地抵抗組織頻頻向美軍發起人肉炸彈襲擊，導致大量美軍士兵龜縮在軍營裡，不敢外出；另一則說，頻繁的襲擊導致美軍傷亡率上升，美國軍方為穩定軍心，宣布將大幅度提高駐伊拉克軍人的戰地補助。看到這裡，平常最喜歡研究歷史、分析國際形勢的劉先生立即意識到：當地美軍拿了高額補助，卻不能出門消費，若是我能到美軍軍營附近做生意，豈不是千載難逢的大好商機？有些人做生意不是愛跟風嗎？我就去最危險的地方，看你們還敢不敢跟來！

初到伊拉克，困難重重，首當其衝的就是進美軍軍營的通行證。由於沒有通行證，美國大兵根本不讓他進門。但劉先生早有準備，他拿出印製精美的中餐食譜，告訴美國大兵說，他要在裡面開餐廳，為他們提供色、香、味、形俱佳的中國菜！美國大兵一聽覺得很有趣，馬上放行！只請美軍相關負責人吃了兩頓飯，他就順利拿到了通行證。

接下來，劉先生想不賺錢都難了，因為附近只有他一家中餐館，沒有競爭對手，而且當地採購成本相對較低，而他做的飯菜卻貴得離譜——單是一份揚州炒飯就定價五美元，利潤相當於在國內開餐飲的十倍！更妙的是，在美軍軍營裡開餐館，伊拉克臨時政府的官員都不敢進去收費，連水電費都省了！一年半後，劉先生便賺了好幾倍！

回國後，有記者問劉先生：「你當時不覺得這完全是一種冒險嗎？」他回答得非常精闢：「我覺得我這是探險，不是冒險。冒險是冒冒失失的去，處於那個險情，而探險則是知道那裡有險，但是我會探索，我做了準備，我是有備而去。我覺得這兩個有本質的區別。」

財富箴言

多探險，少冒險。

走在前面的羊最先遇到狼，但也最先吃到草。

3. 爸，我想離開家鄉

某知名鋼鐵企業集團創始人李先生出生於偏鄉的一個貧寒之家，從 18 歲開始，他在村裡的油坊裡舉了整整四年的油錘，因力氣大，工作實在，人稱「拚命三郎」。

一年中秋節前，別人都在準備著過節，李先生卻找到在農地裡的父親，說：「爸，我想離開家鄉。」

「離開家？去哪裡？」父親吃驚的問。

「不知道，先到大城市。」

第二天，李先生帶著父親給的「創業經費」和一袋饅頭來到大城市。其實他早就謀劃好了：鎮上的商店裡香皂缺貨，人們買不到香皂，只能用豬胰腺和鹼水混合的簡易清潔皂和皂角水代替，他想做高級的香皂。

抵達以後，為省錢，他在候車室睡了一晚。第二天，他打聽到附近有一個做香皂的糧油加工廠，趕忙過去，卻碰上工廠裡過節放假，只剩一個看門的老漢。

「你來的真不巧啊！」老漢問，「有什麼事啊？」當他得知李先生想學做香皂後，隨口說了一句：「我原來就是做香皂的。」

無限失望的李先生立即看到了希望。他馬上把準備送給工廠主管的月餅呈給老漢，雙手一揖，深鞠一躬，說：「大哥給個面子，我們到小店喝一杯！」

在小餐廳裡，李先生把微薄的「創業資金」全拿出來。老漢喝得紅光滿面，高興的說：「我收下你這個徒弟了。你誠心誠意，是個好青年。」

一星期後，李先生回到村裡，租了一塊地，以村裡僅有的一千斤小麥和一口大鍋起家，開了香皂廠。當年，他便按照約定，付租金和其他費用共三萬元，當時同村的村民們，每天還賺不到十塊錢。

財富箴言

往哪裡闖？怎麼闖？不要糊裡糊塗的闖。

有人的地方就有江湖，有江湖的地方就有酒，

有酒的地方就有貴人。

第二十二課　他們都曾經衝過

1. 絕不允許別人把我攔在門外

　　吳小姐準備轉換跑道，這天，她鼓足勇氣，踏進了美國 IBM 公司海外分公司的大門。在此之前，她曾經憑藉一臺收音機，花了一年半時間，學完了三年英語課程。

　　面試像一個篩子，無情篩下了絕大多數應聘者，但她幸運的卡在了篩子眼裡。

　　主考官問：「妳會不會打字？」

　　吳小姐根本不會，但她條件反射似的迅速回答：「會！」

　　「那妳一分鐘能打多少？」

　　「您的要求是多少？」

　　主考官說了一個標準，吳小姐馬上說：「沒問題。」因為她環視四周，發現考場裡根本沒有打字機。果然，主考官被她鎮定的神情蒙住了，說下次錄取時再加試打字。

　　面試結束，吳小姐飛也似的跑回家，借錢買了一臺打字機，然後沒日沒夜的敲打。一星期後，她的雙手累得連吃飯都拿不住筷子了，但她也奇蹟般的達到了專業打字員的水準。

　　諷刺的是，進入 IBM 公司後，該公司卻一直沒考她的打字功

夫。就這樣，吳小姐成了這家世界著名企業的一個最普通的員工。

後來，每當談到此事，吳小姐都說：「為了離開原來那個毫無生氣甚至滿足不了溫飽的工作，我絕不允許別人把我攔在任何門外。」

財富箴言

有些門檻並不高，只是我們不夠勇敢。

勇氣能幫你敲開任何大門，努力能幫你留在任何門內。

2. 明天就去堵資訊大亨

高職畢業後，高先生南下找工作。僅半年時間，他便憑藉勤奮和能力坐到了管理階層的位置，月薪 25,000 元。當時他剛剛滿 17 歲，可他並不滿足。不久，他放棄了工作，回到家鄉，準備衝擊自己的大學夢。可惜沒有學校願意收他，因為他沒讀過高中，學校認為他考不上大學，必然影響學校的升學率。經過無數趟奔波，終於有一個學校收下了他。第一次月考，他考了全班倒數第二；第二次月考，他便上升為全班第一；第三次月考，則是全市第一；最終，他考上了清華大學！

畢業後，高先生成了一家報社的財經記者。僅僅四個月，他就成了報社最出色的記者之一。但沒過多久，他那顆不安分的心又躁動起來。他不想和身邊的同事們一樣，日復一日做著沒有熱情的工作，那不是他的夢想。他決心創業。

幾個月後，他寫出了一份商業企畫書。有了創意，沒有資金，他只好主動出擊，到處尋找風險投資商。

一天，他聽說某資訊大亨要去某地開會，興奮得一夜沒睡好，

心想真是天賜良機，明天就去堵他，管它成功與否，先堵住再說。憑藉記者的身分，他很容易進了會場，卻始終找不到與資訊大亨單獨交談的機會。散會後，他尾隨在資訊大亨身後，看到他進了電梯，他一個箭步衝進去，迅速按下了電梯的關門按鈕。資訊大亨對著他大喊：「我的同事還沒進來呢！」

看了一眼關好的電梯門，他拿出了自己的企畫書，資訊大亨恍然大悟，接過來看了看，然後遞給他一張名片，說：「我回去看看，晚一點答覆你。」但左等右等，資訊大亨始終沒有回音，他只好繼續做他的記者。

不久，他去參加一次科技博覽會，同行們爭先恐後向那些海歸名流提問，冷落一個當時名氣還不是很大的企業家。看企業家尷尬的坐在那裡，他忽然起了惻隱之心，便上前接連向他提了幾個問題，替他解了圍。

他原本沒指望那位企業家能幫到自己，但散會後企業家卻主動找他聊起了天，他趁機向對方談及自己的創業構想。看完他的企畫書，企業家說：「創意不錯，我投資一千萬元！」但企業家回到公司幾天後，又不好意思的打電話說：「我請了大批專家，論證你的企畫，認為你這個專案風險太大……」他再次從希望的巔峰跌到谷底。一小時後，企業家忽然又打來電話，堅定的說：「我決定個人給你一百萬元！董事會的決議我沒法改變，但我認為你這個人沒有風險！」

第二天，高先生的帳戶裡收到一百萬元。

財富箴言

明天去堵誰？不要自己堵自己。

用勇氣衝，用智慧堵，用耐心追，用人品截。

第二十三課　他們都曾經賴過

1. 最不值錢的就是尊嚴

1999 年，剛剛踏出高職美術科的韋先生，懷著美好的願望來到了大城市。安排好住處，他便馬不停蹄找到了一家最有名的裝修設計公司面試。雖然他做好了充分的心理準備，但該公司負責人羅老闆給他的打擊也未免太大了點。

「你好，我姓韋，今年剛畢業……」

「出去！出去！我們不要剛畢業的！」韋先生話沒說完，羅老闆頭都沒抬就下了逐客令。

韋先生感覺喉嚨像被石塊堵住了一樣，但他仍小心翼翼的說：「雖然我剛畢業，但我滿有天分的……」

「出去！出去！我們這裡的員工個個都有天分！出去……」羅老闆再次粗暴的打斷了他。

韋先生強壓住心頭的委屈和怒火，拿出自己的作品放到桌面上，羅老闆掃了兩眼，覺著還有點意思，但想進公司可沒這麼容易：「我們這裡是無紙化辦公室，要求熟練操作電腦。」

韋先生連連說：「我會，我會電腦！」羅老闆又上下掃了他兩眼，覺得他還比較老實，最後答應試用他幾天。

韋先生喜不自禁。

可惜不到一個星期，羅老闆就讓韋先生「走人」，因為羅老闆看出他不過是略懂皮毛。按照道理說，老闆讓你走人，你根本沒有留下來的可能。但韋先生天生倔強，他決心「賴」在這家公司不走。他向羅老闆表示，他只想學習，不要公司任何薪水，只要給他地方睡就可以了，並且可以每天為公司打掃清潔。羅老闆考慮一番，還多加了個條件，必須負責每天打掃公司的廁所，包括刷馬桶。

從此以後，這家裝修公司多了一個忙碌的身影。尤其是早晨，韋先生要把近七百坪的辦公室裡裡外外打掃乾淨。做完這一切，大半天時間也就過去了。剩下的時間韋先生便坐在別人身邊，看著別人操作電腦。下午等大部分人下班後，他再收拾一遍，匆匆吃過晚飯，便趁著夜深人靜看各種專業書籍，然後上機練習操作。

後來，韋先生發現自己太缺乏實踐常識，便想到總工程師那裡去「偷藝」。他看準空檔給總工程師端上一杯熱茶，他頭都沒抬便說：「你刷完馬桶洗手沒有啊？」韋先生不以為意，不僅每天堅持送茶，後來他還發現，這位總工每晚動筆之前必喝點小酒，於是韋先生又忍痛打開自己的荷包，不時為其買來各種名酒，還買一點下酒小菜，總工程師的臉上終於露出了微笑，韋先生也順理成章坐到了他的身邊。

過了幾個月，一天夜裡，羅老闆主動來找上進的韋先生談話。真是不談不知道，一談很感慨，原來羅老闆是哲學系碩士出身，初到這裡他的工作是疏通下水管道，與馬桶打了很久的交道。後來他看準了這座移民城市裝修市場的空白，於是放下書生架子做起疏通馬桶的工作，並由此存下了創業的「第一桶金」。他還說：「我對你的無情實際是一種有情，希望你能在苦難中得到教訓和收益！」最

後，羅老闆還和他談起了《聖經》裡的馬太效應：所謂強者越強，弱者越弱，一個人如果獲得了成功，什麼好事都會找到他頭上。大丈夫立世，不應怨天尤人，人最大的敵人是自己啊！

當然最重要的，是那天晚上羅老闆發了話：「明天你就是正式設計師了，底薪兩萬元。」這下子，韋先生的幹勁更足了。時間一長，羅老闆發現他的 3D 裝修效果圖畫得好，中標率非常高，於是又提拔他做設計主管，月薪加到五萬元，並放手分給他幾個大專案做。由於韋先生越來越爭氣，因此僅僅一年時間，羅老闆就把他提升為設計總監，月薪高達十幾萬元，另加年終提成。又過了兩年，無論羅老闆給多少錢韋先生都決定離職，因為他的翅膀已經足夠堅硬，他搖身一變就和昔日老闆成了平起平坐的好兄弟。難能可貴的是，韋先生不忘舊情，逢人便說羅總是他的老師。他還給自己定了個規矩，絕不搶羅總的客戶。每當回想起那段刷馬桶的日子，韋先生感慨萬千：「這個地方，最不值錢的就是尊嚴！但那段刷馬桶的經歷卻是上帝『負面的恩典』，非常難得，我永遠會抱著感恩的心情看待這段經歷。」

財富箴言

多長本事，少長脾氣。

別把自尊無限放大。

2. 你不給我瓶子，我就不走了

知名調味料工廠創始人陶小姐剛剛成立辣椒醬加工廠時，最大的困難是沒有合適的裝辣椒醬的玻璃瓶。她輾轉打聽到某城市的玻璃工廠能製作玻璃瓶，便欣然跑去，但當時年產量已達 1.8 萬噸的

玻璃工廠根本不願意理這個訂貨量少得可憐的小客戶，當場拒絕了為她的工廠定製玻璃瓶的請求。陶小姐急了，她質問玻璃廠長：「哪個小孩是一生下來就一個大人？都是慢慢長大的嘛！今天你要不給我瓶子，我就不走了！」

磨了幾個小時，廠長實在沒辦法，只好表示：妳要用瓶子，就每次提著提籃到工廠裡撿幾十個瓶子回去用，其餘免談。陶小姐滿意而歸。當時，她和那位廠長都沒想到，她的小工廠會成為該玻璃廠日後屹立不倒、發展壯大的唯一原因。

財富箴言
沒有人能拒絕你的努力。
有一種執著叫做賴，有一種賴叫無奈！

3. 董事長好，來上班啦

1990 年，受出國潮影響，已是研究生的唐先生也想出國。但當時大學的出國名額已經滿了。唐先生想，可能別的學校還有名額。於是他逐個打電話給各大學，詢問有沒有出國機會。打到某大學時，對方說他們還有名額。他放下電話就帶著自己的成績單去了該大學，要求轉入該大學。負責接待他的老師問：「你為什麼要轉過來？」他說：「為了傳播事業，我想為它盡一份力量。」老師又問：「還有其他事業比傳播還要落後，你怎麼不考慮其他事業的發展呢？」唐先生說：「我太喜歡傳播了，想為它奉獻。」這位老師頗為感動，就給了他一個奉獻的機會。但他剛辦完轉學手續，就對老師說想出國留學，老師便問：「你是不是為了出國才轉過來的？」他趕緊說：「不是，我是想出國學習人家的先進技術，回來改進我們的傳

播事業。」

　　但是老師說，報名期限已過，時間已經耽擱了，你可不可以出國，學校董事會說了算。唐先生便去找董事會的李董，他是怎麼找的呢？每天站在公司門口等待李董，一站就是四天。李董早上上班的時候，他就迎上去說：「董事長好，來上班了？」中午，李董出門去對面餐廳吃飯的時候，他就說：「董事長吃飯啦？好好休息啊！」李董吃飯回來時，他就說：「董事長您吃完了？還有點時間，您可以午睡一會。」下午下班的時候，他又說：「董事長下班了？路上注意安全啊！」

　　這種反常的行為立即引起了李董的注意。第一天，他心想這年輕人真奇怪；第二天見唐先生還這樣，李董甚至怕他有什麼危險行為；第三天，李董又覺得這個年輕人很可憐……到第五天中午，當唐先生再次對李董說「董事長您吃完了？還有點時間，您可以午睡一會」時，李董撐不住了，他說：「我不睡了，你跟我上來一下。」進了董事長辦公室，李董問他有什麼事嗎？他如實相告。李董什麼也沒說，請他先回家。第七天，唐先生就拿到了出國留學的機會。

財富箴言

機遇留給有準備的人，機會留給不放棄的人。

成功源於堅持，財富來自執著。

第二十四課　他們都曾經求過

1. 能不能賞光喝早茶

　　1960 年，知名服飾品牌創始人曾先生隻身一人來到香港，憑著三萬元和一把剪刀、一臺縫紉機，開始了艱難的創業之旅。當時，為節約支出，他身兼數職，既是老闆，又是設計師，還是工人、推銷員、搬運工……。

　　這天，曾先生背著一大包領帶，到一家外國人開的服裝店裡推銷。服裝店老闆見他一副寒酸相，毫不客氣把他攆出了門外。曾先生悻悻而歸，一晚上都沒闔眼。第二天早上，他穿上一身筆挺的西裝，再次來到那家服裝店，恭敬的說：「昨天冒犯了您，很對不起，今天能不能賞光喝早茶？」對方這才看出，眼前這位衣著講究、彬彬有禮的年輕人就是昨天的推銷員，頓生好感，爽快答應了。

　　兩人一邊喝茶，一邊聊天，越聊越投機。喝完茶後，服裝店老闆問道：「你今天怎麼沒帶領帶？」曾先生說：「今天是專門來道歉的，不談生意。」對方被他的真誠感動了，敬佩之心油然而生，當即誠懇的說：「那明天你把領帶拿來，我幫你賣！」

　　後來，這位老闆和曾先生成了非常親密的好朋友，促進了知名服飾品牌公司的事業發展。

財富箴言

沒有一塊冰不被陽光融化。

先做朋友，再做生意。

2. 您如此成功，能指點一二嗎

　　有一次，日本保險推銷大師原一平經人介紹去拜訪建築產業的富翁渡邊先生，可是渡邊認為他只是個路人，簡單敷衍了幾句，便下了逐客令。有備而來的原一平一點都不沮喪，而是問渡邊：「渡邊先生，我們的年齡差不多，但您為什麼如此成功呢？您能指點一二嗎？」

　　在說這番話的時候，原一平的語氣非常誠懇，臉上也是一副求知若渴的樣子。這樣一來，渡邊反倒不好意思起來，當然更不好意思回絕他，於是，他再次請原一平坐下，將自己的經歷娓娓道來。原一平立即現出一副洗耳恭聽的樣子，並時不時向渡邊提出一些問題，以示請教。雙方這一聊，就是三個小時。

　　直到二人分手，原一平也沒提到保險的事。但沒幾天，渡邊就打電話給原一平，表示自己公司裡所有的保險業務，以後都在原一平那裡下保單！

財富箴言

千拍萬拍，馬屁不拍。

性格決定命運，態度決定高度。

3. 我是個新手，請指點迷津

有一次，李嘉誠去一家餐廳推銷小鐵桶。他找到餐廳的老闆，產品還沒介紹完，就被對方轟了出來。李嘉誠並不生氣，心想一定是自己哪裡做得不夠好，讓客戶不滿意。到底是哪裡不夠好呢？只有那位老闆最清楚。

李嘉誠決定去找那位老闆指點自己。第二天，他梳洗得乾乾淨淨，西裝革履，來到餐廳再次找到那位老闆。

老闆見又是李嘉誠，劈頭一句：「我們不買你們的產品。」

李嘉誠面帶微笑，不卑不亢的說：「我今天不是來推銷產品的，而是來向您請教的。」

「向我請教？」老闆大吃一驚。

「是的。」李嘉誠誠懇的回答，「我這一次來不是推銷小鐵桶，我只是想請教您，在我進店推銷時，我的動作、言辭、態度等有什麼不妥的地方？請您指點迷津。我是一個新手，您比我經驗豐富，是商界前輩，我懇求您的指點，以作為晚輩改進的借鑑。」

聽了李嘉誠的回答，老闆非常高興，頓時對眼前的年輕人刮目相看，不僅請他到辦公室交談，向他提出了一些寶貴的建議，還幫他做成了好幾單生意。

財富箴言

有銷售，必定有拒絕。

銷售是偉大者的職業，偉大都是委屈撐起來的。

4. 如何才能用最快的速度賺錢

　　著名作曲家林夕寫過一段早年經歷：

　　他是我老師的好友，早年在部隊工作，後來躋身商界，他主持運作的幾個專案非常成功，一度傳為商界佳話。也因為這樣非凡的經歷，經常有一些胸懷大志的年輕人，慕名前來向他求教，問一些如何經商賺錢之類的問題。那年，我大學畢業即將踏入社會，在老師的引薦下，去他家拜訪。

　　見面寒暄過後，我便迫不及待提出我的問題：「如何才能賺錢？用最快的速度？」

　　他聽了，微微皺了一下眉，說：「如何賺錢而且要最快，告訴你，年輕人，最快的賺錢速度就是：你現在拿兩個手榴彈或炸藥出去，我保證你兩個小時內就能拿到錢。但是後兩個小時你在哪裡，我可不能保證。」

　　我忍不住大笑。他也笑了，聳聳肩，說：「和你開玩笑。很多人都問過我這個問題，開始我感到很奇怪，你們怎麼會有這樣的想法？後來問的多了，也見怪不怪了。」

　　也許是為了好好回答我提出的這個問題，他講了他經商的一個故事。

　　「你們都聽說過我賣鋼琴的故事，我在兩年之內賣掉了十二萬臺鋼琴，在全國興起狂熱的鋼琴購買浪潮，創造了一個廣為大家傳頌的鋼琴神話。可是你知道，我是怎麼做的嗎？」

　　「如果把我做的所有工作細節都說出來，三天三夜也說不完。我只能概括的講：我走訪了當時所有的鋼琴廠商，以及供應生產鋼琴的原材料廠商，在十五個城市做了上百萬份的市場調查，光是收集

的材料疊起來就有三公尺高。這個過程用了五個月，然後開始做行銷方案，整個方案分為三大部分，每一部分又由十幾個方案組成。就這樣，前期市場調查、案頭工作用了將近一年。整個銷售過程用了三年。三年中我每天只睡四個小時。別人只看到我成功的一面，可是其中經歷的過程卻沒有人看到。」

「年輕人，我和你講這些，只是想告訴你：世界上一定有最快的賺錢速度，但是，賺錢的速度和滅亡的速度是一樣的。我今年55歲了，從25歲踏入社會到現在，整整走過三十年的人生歷程，我唯一能夠給你的人生經驗就是：人生如同登山，你一生的有效時間按三十年計算，在第一個十年，你要學會攀登的技能，為登山做準備；第二個十年，你要在登山的實踐過程中一邊體驗、一邊修正、一邊完善自己的攀登技能；第三個十年，你要一鼓作氣，攀登上人生之山的最頂峰！」

財富箴言

沒有量的累積，哪來質的飛躍？

要有理想，但不要理想化。要樂觀，但不要盲目樂觀。

第二十五課　他們都曾經拒絕過

1. 很抱歉，我不能和你們合作

　　臧健和，是香港知名冷凍麵食品牌「灣仔碼頭」水餃的創辦人。1977 年，她辭掉護士工作，帶著兩個女兒到泰國投奔已分離三年的丈夫，誰知重男輕女的婆婆已另為丈夫娶妻生子，儘管在泰國一夫多妻是正常現象，但強烈的自尊心使得她無法接受這個現實。最終，她權衡再三，選擇了離開。

　　離開泰國後，母女三人輾轉到異國城市，沒有經濟來源又初來乍到的她只能做些「不用說話、不用交流」的簡單體力工作。後來，她在朋友的提議下自製了一輛小車，到灣仔碼頭賣家鄉的水餃。雖然條件艱苦，設備簡陋，但她的水餃因味道鮮美、風味獨特大受歡迎。

　　有一次，臧健和注意到一位顧客吃完水餃後，把餃子皮留在了碗裡。她追問原因，對方毫不客氣：「妳的餃子皮厚得像棉被一樣，讓人怎麼吞得下去！」她聽了非常難過，以至於三日三夜不眠不休，最終改良了餃子皮。然後她天天在碼頭上等候那位顧客，最後竟在來往的人群中找到了他。當他吃了一碗改良後的水餃後，忍不住大聲說：「好吃！好吃！」

一天，臧健和的表姐突然打電話來，說日本一家百貨公司的老闆看上了她的水餃，想跟她談談，看能否合作。原來，表姐所在的公司跟日本商人有業務上的往來，一次派對，表姐把她包的餃子帶去，大受以往吃飯非常挑剔的日本商人的小女兒的歡迎，日本商人靈機一動，便產生了合作的想法。

第一次談判，日本人提出要參觀一下工廠，臧健和直接告訴對方：我根本沒有工廠，只是個小攤販。日本人失望而歸。原本以為合作就此結束，誰知第二天日本人又表示：沒工廠沒關係，我們可以提供設備，可以為妳樹立品牌，讓妳的餃子銷遍全日本和東南亞，但餃子必須用日本商標。臧健和一聽，當即表示：「很抱歉，我不能和你們合作！」回家的路上，表姐不停罵她傻、死腦筋，說她就是做小攤販的命。但她說：「我才不傻呢，這樣合作以後，我的餃子就變成了他的餃子，我的技術被他學會後，一腳將我踢出來，我去做什麼？我和孩子的生活保障不就沒了嗎？」

第二天，臧健和和往常一樣，依舊推著小車去碼頭經營，表姐再次打來電話：「妳運氣太好了！日本人還要找妳。」見到日本人，對方表示可以讓步，同意用她的包裝和商標，但不能印上通訊地址和電話。她還是不答應：「沒有電話怎麼了解顧客的感受？我的水餃是在顧客的提醒下越來越好吃的！」日本人只得再次讓步。

接下來談價格時，臧健和又鬧出了大笑話。她的餃子批發給日本人的價格居然比她零賣的價格還高 1.5 港元！對方問：「妳懂不懂做生意？」她說：「我不懂，但我的水餃在碼頭上賣，可以非常簡單的包裝甚至不包裝直接下鍋煮，但要進你百貨公司，一定要給顧客留下好印象，當然要改善包餃子的工藝，改變包裝設計，這樣就會提高成本，提價合情合理。」

就這樣,「不懂做生意」的臧健和征服了久經沙場的日本商人,她的水餃迅速登上了大雅之堂,橫掃日本和香港飲食界,她不僅賺得盆滿缽滿,還博得了「水餃女皇」的美譽。

財富箴言

拒絕是為了更好的擁有,妥協會讓你失去更多。

即使身處劣勢,也要掌握主動權。

2. 我不能離開那家小工廠

思坦因曼思是德國一位工程技術專家,1920 年,因德國經濟不景氣,他不遠萬里來到美國謀生。很快,他憑藉紮實的技術工夫被一位小工廠看中,做了該廠的技術人員。

一天,美國福特公司有一臺馬達壞了,公司所有工程技術人員都無能為力。這時,有人向公司推薦思坦因曼思,福特公司總裁福特先生便花大價錢把思坦因曼思請了過來。思坦因曼思來到後,什麼也沒做,只是要了一把椅子坐在電機旁,聚精會神的聽了三天,然後又要了一座梯子,爬上爬下工作多時。最後,思坦因曼思在電機的一個部位用粉筆畫了一道線,說:「將這裡的線圈匝數去掉十六圈。」技術人員照做後,電機立即恢復了正常運轉。

福特非常高興,當即給了思坦因曼思一萬美元的超高酬金,然後熱情邀請他加入公司福特公司。但思坦因曼思卻說自己不能離開那家小工廠,因為那家小工廠的老闆在他最困難的時候幫助了他。

思坦因曼思走後,包括福特先生在內的很多人都對他的決定感到遺憾。因為當時的福特公司是美國首屈一指的大公司,人人都以能進福特公司為榮,而思坦因曼思卻捨棄了這麼好的一個機會。

但不久，福特先生做出一個決定：收購思坦因曼思所在的那家小工廠。很多人都覺得不可思議，這樣一家小工廠怎麼會進入福特先生的視野？福特公司的董事會成員們也不理解，福特先生解釋道：「沒什麼，因為那裡有思坦因曼思。」

財富箴言

想把你的人生經營好，先把你的人品修練好。

小勝憑智，大勝靠德。

3. 我總得為你做點什麼

多年前的一個冬天，美國南加州一個名叫沃爾遜的小鎮上突然湧入大批飢民，鎮長傑克遜先生及時為人們送去了食物，飢民們接過食物，頓時狼吞虎嚥，急得連一句感謝的話都來不及說。

只有一個年輕人例外。當傑克遜把手中的食物遞給他時，年輕人問：「先生，您送我這麼多吃的，有什麼工作我可以做的嗎？」傑克遜心想，為一個餓肚子的人提供一餐果腹的飲食，是每個善良的人都應該做的，於是他笑著說：「我只不過想給你們提供些幫助，哪有什麼工作讓你做呢？放心吃吧！」

年輕人並不領情，他說：「不，先生，如果您沒有事情讓我做的話，我是不會接受你的食物的。真的，先生，我總得為你做點什麼。」

「真是個好青年！」傑克遜在心裡暗讚一聲。

「噢，我想起來了，我家裡有一些工作需要您幫忙。等你吃完，我就給你派工作。」傑克遜再次把手中的食物遞到年輕人面前。

「不，我現在就工作，做完了我再吃！」年輕人堅持著。

　　「現在就工作……」傑克遜在心裡思忖片刻，說：「年輕人，你願意為我捶捶背嗎？」說完，他蹲在年輕人跟前。年輕人只好也蹲下來，十分認真而仔細為傑克遜先生輕輕捶背。

　　幾分鐘後，傑克遜站起來，滿臉愜意的說：「好了，年輕人，你捶得棒極了，剛才我的背還有些痠痛，現在舒服極了。」說完，傑克遜又一次將食物遞給那個年輕人。年輕人立刻狼吞虎嚥的吃起來。傑克遜微笑著注視著他說：「年輕人，我的莊園裡急需有人幫忙，如果你願意留下來的話，我可就太高興了。」

　　年輕人不僅留了下來，兩年後還成為了傑克遜先生的女婿。結婚前，傑克遜對女兒珍妮說：「別看他現在什麼都沒有，可他百分之百是個富翁，因為他有尊嚴！」

　　這個年輕人，就是後來的石油大王阿曼德‧哈默。

財富箴言

不吃免費的午餐，才有永遠的午餐。

自尊自愛，才能自強自立。

第二十六課　他們都曾經抗過

1. 幸好你不是其中一種

美國鋼鐵大王安德魯‧卡內基年輕時曾做過某鐵路公司的電報員，某一個星期天，輪到卡內基值班，突然來了一封緊急電報，說附近某鐵路有一列火車車頭出軌，要求調度各班列車改換軌道，以免發生撞車事故。由於是節假日，卡內基怎麼也尋找不到那個不太負責的上司，但按照公司規定，其他人是不能擅自發電報的。眼看時間一分一秒過去，一列滿載乘客的列車正急速駛向出事地點。卡內基迫不得已，只好違抗公司命令，冒充上司的名義給列車下達指令，使其立即改換軌道，從而避開了一場慘劇。按規定，電報員冒用上級名義發報，處分就是立即撤職，卡內基也已經做好了充分的心理準備，準備了辭呈。但是第二天，當他把辭呈遞上去時，上司竟然當著他的面將辭呈撕碎，然後拍拍卡內基的肩膀，說：「你做得很好，我要你留下來繼續工作。記住，這個世界上有兩種人永遠都只能原地踏步：一種是不肯聽命行事的人，另一種則是始終聽命行事的人。年輕人，幸好你不是這兩種人的任何一種。」

財富箴言

很多人總是為服從而服從，從不知道為什麼而服從。

將在外，君命有所不受。

2. 看到不平的事，我一定要管

某知名紡織原料公司董事長田先生是個大俠似的人物，用他的話來說就是：「從小，只要看到不公平的事，我一定要管。」

小學三年級時，孩子王便已經「混跡江湖」，由於講義氣，好打抱不平，人稱「田老大」。

上高中時，有一次，田先生為了逼學校餐廳改善伙食，領導學生們開始了「罷吃運動」。當時，學校的飯菜太差，而且很貴，但老實的孩子們誰也不敢說。田先生知道後，就召集了幾個人站到食堂門口，勸說同學們不要去吃，每餐必報到。後來，罷餐的事情鬧到了當地教育委員會，後來餐廳改善了伙食。

令田先生沒想到的是，罷吃成功後，或許是不打不相識，或許是怕他再次鬧事，餐廳管理員竟然開始默許田先生賒帳吃飯，使得家境貧寒的他此後再也不用為吃飯煩惱了。結果，到畢業時，他一共欠了餐廳三千多元的伙食費。對一個窮學生來說，這在當時是筆巨債。

財富箴言

財富需要堅持，尊重需要爭取。

世界如此野蠻，退能退到哪裡？

3. 你可以辭退我，但我不同意你的說法

知名飲料公司董事會主席嚴先生在 1971 年，隻身前往泰國，尋找創業機會。由於沒有一技之長，因此找工作屢屢碰壁。最後，他來到一家公司，說只要供餐就行，才做了該公司的清潔工。

那個公司的老闆倒沒像嚴先生說的那樣，只讓他吃飽飯，而是給了他一份微薄的薪水，相當於公司其他人的三分之一。嚴先生任勞任怨，每天都把公司打掃得一塵不染，有時間還幫同事做些雜事。

過了不久，老闆在美國留學的兒子趁假期回國度假。有一天，「少爺」裝模作樣的到公司視察，每到一處，都受到員工們的夾道歡迎，熱烈吹捧，「少爺」也自然而然流露出一副頤指氣使的模樣。當少爺準備離開公司時，嚴先生正在用抹布擦地上的灰塵，不小心碰到了「少爺」的褲腳。「少爺」當即震怒，厲聲指責他工作沒有做好，還說要辭退他。嚴先生站起來，不卑不亢的說：「公司是您家的，辭退我是你的權力，但你說我的工作沒做好，我不同意你的說法。」說罷，轉身離去。幾個要好的同事都勸他向「少爺」道個歉，以免被炒魷魚，他卻不以為然。

一年後，畢業回國的「少爺」接管了公司，新官上任三把火，他決定改變公司的經營模式，精減員工，嚴先生首當其衝。同時收到裁員通知書的人都是悄悄離去，他卻覺得這樣不聲不響的走不太合適，畢竟，當時是老闆在他最困難的時候給了他一碗飯吃。於是，他越過「少爺」，找到老闆，向他辭行，並表示第二天想請老闆喝茶，以示當年收留自己的感激之情。老闆頗為感動，爽快答應了下來。

意想不到的是，第二天，老闆來赴約時，把「少爺」也帶了來。還沒等嚴先生開口，「少爺」便伸出手，笑著對他說：「現在，我鄭重聘請你到公司任職，職務是人事部主管。原先我是準備辭退你的，因為我覺得你沒有專長。可是後來，我了解到你工作認真，有合作精神。更重要的是，即使面臨壓力和挫折，還能保持自己高尚的人格，公司正需要你這樣的人。」

財富箴言

只要你的精神還站立著，就沒有什麼能讓你倒下！

第二十七課　他們都曾經悟過

1. 想發芽就得鑽到泥土裡去

　　世界上很多大人物的職業生涯都是從最基層開始的，美國薇斯卡亞機械製造公司 CEO 史蒂芬‧威爾遜就是其一。

　　當年，從哈佛大學畢業後，史蒂芬與幾位同學都非常希望進入如日中天的薇斯卡亞公司，但他們的希望很快落空。薇斯卡亞方面明確告訴他們，該公司從不聘用像他們這樣的、只有理論知識而無實踐經驗的人。

　　此處不留人，自有留人處。史蒂芬的幾位同學很快便去了別的公司，而且直接進入了管理階層，史蒂芬卻依舊做著進入薇斯卡亞公司的美夢。但他自己也清楚，這很可能永遠只是個夢。

　　這天，史蒂芬在農場裡幫父親收割向日葵時發現，由於雨水的緣故，好多葵花子都在向日葵的頂端發了芽。父親見他發呆，走過來，開玩笑說：「這些葵花子這麼迫不及待要發芽，但結果只有死路一條。想發芽開花，它們必須得鑽到泥土裡去才行！」

　　父親的玩笑話點醒了迷茫的史蒂芬。回到家，他把自己的文憑塞進抽屜，然後再次造訪薇斯卡亞公司，表示自己願不計報酬為該公司工作，終於如願進入了薇斯卡亞公司。

在公司，史蒂芬日復一日打掃清潔，但在此過程中，他細心觀察了整個公司的生產情況。半年後，他發現公司在生產中存在一個技術性漏洞。此後，他用去將近一年的時間，做出了改良的設計。但是當他試圖就此向高層提議時，才發現自己根本就沒機會見到總經理。甚至當那些存在缺陷的產品一批批被退回公司時，史蒂芬仍然沒機會見總經理。

這天，史蒂芬在掃地時聽到一位同事說，為了挽救危機，公司董事會正在召開緊急會議，但會議進行了六個小時還沒有結果。史蒂芬強烈意識到，自己的機會終於來了！於是他帶著自己的設計敲開了會議室的門，對正在開會的總經理說：「我可以用十分鐘時間改變公司！」

結果，史蒂芬不僅成功挽救了公司危機，十年後還榮升為公司CEO，其個人財富也迅速躋身美國富豪前五十名！而他那幾位直接進入管理層的同學，時至今日依然做著他們那一成不變、沒有前途的工作。當他們羨慕的向史蒂芬取經時，史蒂芬的答案是：「我只是把自己當成一顆種子鑽進了土壤裡！」

財富箴言

把自己當成一顆種子，在泥土中積蓄力量。

唯有埋頭，才能出頭。

2. 要像瘦鵝一樣生存下去

第二次世界大戰期間，王永慶曾經販賣過一段時間的鵝。

很早以前，臺灣農村地區就有用雜糧養鵝等家禽的習慣。在食物充足的情況下，農村養的鵝四個月左右就能長到五六公斤重。但

由於戰爭的緣故，日本在臺灣強迫實行配給制，糧食首當其衝。人都只能勉強糊口了，當然也就沒有雜糧或其他剩餘食物養鵝了，人們只能把牠們趕出圈門，讓牠們在野外覓食野菜或昆蟲。因此，當時農村養的鵝都瘦得皮包骨頭，四個月下來只有兩公斤左右。這樣的鵝，除了骨頭就是皮，沒有肉，自然沒有人願意收購。

當時王永慶做大米和木材生意已小有起色，發現這一情況後，他反覆琢磨：沒有人收購瘦鵝，主要是由於牠們肉少、價值低。而瘦鵝之所以瘦，主要是沒飼料。假如我設法找到鵝飼料，養鵝的難題必定迎刃而解。

沿著這一思路，他注意到農夫們在收割高麗菜時，大都把菜根和外面一兩層粗葉丟棄在田裡，任其腐爛，而這正是鵝的飼料。於是，王永慶便僱人四處撿菜葉，又從碾米廠買回一些廉價的碎米和稻殼，摻在一起就成了絕佳的鵝飼料。接著，王永慶四處收購瘦鵝，農夫們見往日無人問津的瘦鵝居然也有人買，更是求之不得。因此，王永慶只花了很少的成本就搜購來一大批瘦鵝。這些飽受飢餓折磨的瘦鵝，看到食物就拚命吞食，直到塞滿喉嚨才停。加上鵝的消化能力特強，幾小時便將胃裡的食物消化完畢，於是開始第二次狼吞虎嚥。就這樣，只過了兩個月，原本只有兩斤重的瘦鵝，便長成了七八斤重的肥鵝。

飼養瘦鵝，不僅讓王永慶發了一筆小財，也讓他深深體悟到，人要像瘦鵝一樣具有強韌的生命力，才能夠長期忍受折磨，度過重重難關生存下來。後來，他進一步意識到：第一，在企業經營不順利時，一定要像瘦鵝一樣能忍饑挨餓，只要企業垮不掉，一旦行業景氣到來，企業就會像瘦鵝一樣，迅速成長壯大起來；第二，鵝之所以瘦的原因不在於鵝本身，而在於農戶的飼養方法不當，而企業

經營也是如此。

財富箴言

適者生存，勝者為王，活下去就是勝利。

3. 洪水有害處，也有益處

　　香魚是一種淡水魚類，因其背上能散發濃郁的芳香而得名，此外，香魚肉質細嫩，味道鮮美，被視為「世界上最美味的魚類」，備受世界各國美食家的青睞，日本本田汽車公司創始人本田宗一郎就是其一。

　　在野生狀態下，香魚通常棲息於通海的溪水中，主要吃卵石上的苔蘚。本田宗一郎為能經常吃到上好的香魚，便在自己的豪宅中專門修建了一條人造溪流，模仿香魚的野生環境，在裡面飼養香魚。但是任憑他在水質、水溫、水流、飼料等方面費盡了心力，他養的香魚始終不如野生狀態的香魚鮮美。後來，經過苦心研究，本田宗一郎才發現，這主要是因為人造溪水缺少天然溪水中不時暴發的洪水。本田說：「大自然實在太偉大了，每年一次或兩次的洪水會翻動溪底的石頭，並把平時洗刷不掉的穢物沖得一乾二淨。」於是，他在人工溪水中裝上了專門的設備，經常靠機器的力量沖刷河床，不僅培育出了美味可口的香魚，還進一步體悟出了自己的「洪水經營哲學」。

　　所謂「洪水經營哲學」，簡單來說就是指，個人也好，企業也罷，都應該像野生的香魚一樣，時不時接受洪水的洗禮，才能好好的生存和發展。而那些談「洪水」色變，避之唯恐不及的人和企業，就像人工溪水中的香魚，最終流於平庸，乃至淘汰。基於此，本田

宗一郎最瞧不起安於現狀、墨守成規的人。為了激勵員工和自己，他自己經常化身為「洪水」，每隔一段時間就故意製造衝擊，利用洪水的破壞力和爆發力逼迫員工和企業不斷向前進，最終把本田公司「衝擊」成了舉世聞名的大企業。

財富箴言
梅花香自苦寒來，痛的極致是痛快。

4. 我們的產品要像自來水那樣便宜

有一年夏天，日本松下電器公司總裁松下幸之助在街上散步，當時的日本，幾乎每家每戶門口都安裝自來水龍頭，松下無意中看到一個剛做結束工作的裝卸工，走到一個自來水龍頭跟前，用嘴巴直接對著水龍頭，咕咚咕咚的喝了起來，那種解渴的神態，不亞於喝了玉液瓊漿。

回到公司，松下立即召集公司高級幹部，在會上饒有興趣的談到了這次見聞，然後他說：「陽光、空氣和水，這是生命的三大要素，人們享受陽光和空氣是不需要任何花費的，飲用的自來水也只需花很低的代價。而我們公司的產品，諸如電冰箱之類，雖然也屬於人們生活的必需品，但它畢竟不如自來水那麼重要，可是價格要貴得多。兩相比較，你們能感覺到什麼嗎？」

「我們？嗯……」幹部們什麼也沒有感覺出來。

「我的意思是：要使我們的產品像自來水那樣便宜。」

「啊？」幹部們驚得睜大了眼睛，很不理解，「這可能嗎？難道一臺電冰箱也像一桶水那樣，只要花幾角錢嗎？」

「那是比喻，我們不可能使電冰箱的價格和自來水一樣便宜，但

135

我們應該盡量去做到比現在的價格便宜。」

「那麼我們豈非要虧本？」幹部們還是不理解。

「光說電冰箱的價格和自來水一樣便宜，那是不完整的，還需使電冰箱像自來水一樣的多，才能相輔相成，達到多而價廉的效果。」松下繼續解釋。

這下，幹部們總算明白了松下的思路，不過又有人說：「自來水是因為多了才便宜的。在缺水的沙漠地帶，一桶水說不定比一臺電冰箱還貴哩。」

松下點點頭，覺得這個會議開得很有成效。最後，他總結道：「這就是我們將要實施的『自來水經營觀念』，這種做法，可能會使我們暫時賺不到錢，甚至賠錢。但可以換來公司的商譽，贏得大眾的信賴，這樣做的最終結果就是，無論人們處在何地，只要他們購買電器，他們就會想到松下電器。」

財富箴言

三流的企業做產品，二流的企業做品牌，一流的企業做文化。

第二十八課　他們都曾經氣過

1. 你這麼年輕，就為這兩塊錢生氣

接下來這位是匿名的富翁，他說他的成功始於兩塊錢。

當時，家境貧寒的他為養活自己，在路邊擺攤擦皮鞋，每天能賺幾百元，雖說不太體面，但也讓他衣食無憂，自得其樂。

他很精明，當時的市價是擦一雙皮鞋三至五元，他每次都讓顧客隨意付錢，大多數人都好面子，都會給五元，然後大方的道一句：「不用找了。」

當地有一位大商人，經常光顧他的鞋攤，但每次「隨意付錢」總是給三塊錢，從無例外。這天，商人又一次掏出五塊錢，眼巴巴的等著他找錢。他沒有零錢，隨手把五元扔進錢筐，沒有下一步動作，言下之意就是說：還找什麼錢啊！商人彷彿看透了他的心思，當即站起身來說：我去換零錢給你。他年輕氣盛，沒好氣的說：「這麼小氣就別充老闆！」商人一點都不生氣，反而坐下來，盯著他說：「你這麼年輕，就為這兩塊錢生氣？年輕人，人生很長，你應該為自己生氣！」

他一下子愣在了那裡。良久，他砸掉鞋攤，開始了自己的創業之旅。

財富箴言

生氣不如爭氣，翻臉不如翻身。

2. 這孩子，長大了做不了什麼事

知名皮鞋有限公司董事長王先生講過這樣一個故事：

十幾歲時，有一天父親讓我去村裡一戶人家幫忙蓋房子，做些搬磚遞瓦之類的小工作。我很不情願的去了，由於不情願，效率很低，一搖三晃。

一個長者看到我的樣子，說了一句令我終生難忘的話：「這孩子，長大了做不了什麼事。」

當時我的腦海裡像掠過一道閃電，我在心底裡說了一萬個「不」字，然後振作精神，迅速遞完了最後一片瓦後回了家。

財富箴言

鬥氣不如鬥志，發火不如發奮。

3. 何必跟一個窮人計較呢

古印度有個叫愛地巴的人，每次和人爭執、生氣時，他都會以很快的速度跑回家，繞著自己的房子和土地跑三圈，然後坐在地上喘氣。

幾十年光陰彈指而過，逐漸老邁的愛地巴變成了當地最富有的人。但與人爭論、生氣的時候，他仍然還是老樣子 —— 繞著房子和土地跑三圈。

「為什麼愛地巴生氣的時候要繞著房子和土地跑三圈呢？」人們非常困惑。但是無論人們怎麼問，愛地巴從不開口。

直到有一天，愛地巴很老了，他的房子和土地也已經太廣大了。這天他又生了氣，他拄著拐杖艱難的繞著土地和房子轉，整整用了一天的時間，他才走完三圈，然後坐在地上喘氣。

一直跟著他轉圈的孫子懇求說：「爺爺！為了您的身體，您不能再像從前一樣一生氣就繞著土地跑了。還有，您能不能告訴我，您為什麼一生氣就繞著土地跑三圈？」

這一次，愛地巴說出了隱藏多年的祕密，他說：「年輕的時候，我一和人吵架、爭論、生氣，就繞著房子和土地跑三圈，一邊跑一邊想自己的房子這麼小，土地這麼少，哪有閒心和人生氣呢？一想到這裡，氣就消了，接著努力工作。」

孫子又問：「爺爺，你現在是這裡最富有的人，為什麼還要繞著房子和土地跑呢？」

愛地巴說：「我現在還是會生氣，生氣時繞著房子和土地跑，一邊跑一邊想自己的房子這麼大，土地這麼多，何必跟一個窮人計較呢？一想到這裡，氣也就消了。」

財富箴言

有些人和氣生財，有些人和財生氣。

第二十九課　他們都曾經忍過

1. 不僅要逆來順受，而且要視若無睹

　　近代日本有三位公認的頂尖推銷大師，他們是推銷保險的原一平、推銷書籍的尾上忠史和推銷汽車的奧城良治。早在 24 歲那年，奧城良治便開始推銷五十鈴汽車，但一開始，他的業績始終沒有起色，受心理和經濟方面的雙重壓力影響，奧城良治一度消沉得想要自殺。但是一個偶然的因素，不僅讓他重拾生活的信心，還讓他迅速成為了日本汽車界的推銷之王。

　　那是一個週末，奧城良治途經一片稻田時，忽然內急，便找了個僻靜處方便。小便時，他忽然發現前面有一隻青蛙，便惡作劇把尿撒到了青蛙頭上。他本以為青蛙會被嚇走，沒想到這只青蛙非但不跑，反倒一點也不害怕，而且還始終迎著尿液，簡直就像在享受一次免費的溫水淋浴！

　　奧城良治不禁心中一動，他喃喃自語道：「青蛙居然會視羞辱為淋浴。如果把我那泡尿比作準顧客的拒絕，那麼推銷員就應該像那隻青蛙。再多的拒絕，再惡劣的羞辱，都應該要像青蛙的反應一樣，不僅要逆來順受，而且要視若無睹。」這就是後來被行銷界人氏津津樂道的青蛙法則。

幾天後，奧城良治從五十鈴公司辭職，轉入日產公司。為取得突破，他自己定下了規矩：每天必須訪問一百個顧客。十八天後，也就是完成了對一千八百個顧客的訪問後，他得到了第一份訂單。此後，他的業績逐月提升，最終榮登全公司銷量第一的寶座，並一直保持了十六年之久。

財富箴言

挫折是常態，順利才是例外！看在錢的份上，忍著！

2. 忍一時之怒，成長久之功

古河市兵衛是日本明治時期的大企業家。青年階段，他先後做過豆腐店的工人和高利貸組織的收款員。

有一次，古河市兵衛去一個客戶那裡收款，對方對他愛理不理，想讓他知難而退。古河市兵衛卻想磨一磨對方，結果對方根本不吃這一套，索性熄了燈上床睡覺，把古河市兵衛晾在了那裡。他本以為這樣一來，古河市兵衛沒有不走的道理，畢竟他只是一個收款員，又不是老闆。但他明顯低估了古河市兵衛的忍功。整個晚上，古河市兵衛一動也沒動，坐到了天亮。

第二天早上，客戶起床後，發現古河市兵衛居然還坐在自己家裡，很是震驚。更讓他吃驚的是，古河市兵衛面帶微笑，好像一點也不生氣。客戶知道自己遇上了高手，當即將欠款一分不差交給了古河市兵衛。

後來，古河市兵衛又先後換了幾次工作，他這種能忍住一時之氣的好性格得到了歷屆老闆的信賴與好評。進入日本明治天皇統治時期後，古河市兵衛已經積存起了一筆不斐的資金。當時，日本經

濟凋敝，物價飛漲，許多公司紛紛關門倒閉，古河市兵衛的公司也在劫難逃。公司倒閉後，欠下了不少貨款，誰也沒有想到，古河市兵衛居然會拿出自己的私產幫老闆還債！一時間，傻子古河市兵衛的名字轟動了全日本。

兩年後，古河市兵衛湊錢買下了一處儲量不明的銅礦。許多人知道後，再次嘲笑他：「這個傻子，這次簡直是瘋了，這時候買礦，有多少賠多少。」古河市兵衛「兩耳不聞窗外事」，每天拚命帶人找礦，但三年過去了卻連一條像樣的礦脈也沒找到，他的資金也所剩無幾。許多員工開始發牢騷，當初借錢給他的債主們甚至公開指責古河市兵衛「拿自己的資金開玩笑」。古河市兵衛不為所動，他咬著牙，忍住氣，始終不渝，終於在第四年發現了巨大儲量的礦脈，一躍成為日本赫赫有名的礦山大王。

在一次接受記者採訪時，古河士兵衛說：「大家都在問我成功的祕訣是什麼，其實只有一句話，那就是能夠忍住一時之氣，苦撐到底。」

財富箴言

情緒上要忍，事業上更要忍。

「忍」字並不是心頭一把刀，而是刀下有顆心！

3. 小不忍則招大禍

明朝時，蘇州有個姓尤的大富商，人稱「尤翁」。尤翁開了一家大典當鋪，某年年終的一個傍晚，一個窮人空著手闖進了典當鋪，跟站櫃臺的店員索要之前當在這裡的幾件衣物。店員自然不肯，窮人便破口大罵，非常難聽。尤翁正在後面的帳房算帳，聽到後趕緊

走過去，平靜的對窮人說：「你說說你，無非是為了過年關煩惱嘛，何必為這種小事爭執計較？」說完，尤翁又把店員責罵了一頓，然後命其將窮人的衣物找了出來。尤翁指著其中的棉衣說：「天氣冷，這個你拿回去禦寒。」又指著一件比較新的袍子說：「這件你拿回去拜年用，其他的若是沒用就暫時放在這裡吧。」窮人詫異的看了看尤翁，什麼也沒說，拿著東西出了店門。

當天晚上，尤翁已經睡了，突然聽到隔壁傳來一陣吵鬧聲，一打聽，竟是那個窮人死在旁邊的店裡，他的家人正在跟對方吵架，要對方償命。事後，窮人的家人和那個店鋪的老闆打了半年官司，最終狠狠敲詐了一筆。

原來那天傍晚，窮人是有備而來：他在外欠了很多債，已經是走投無路，心想只有死路一條，但自己自殺後，妻兒老小無法安置，於是他便在家中事先服了毒，本想敲詐尤翁，但尤翁絲毫不跟他計較，他良心發現，只好轉移目標，禍害別人。

事後，那個店員問尤翁，您怎麼知道窮人是故意來找事呢？尤翁說：「我也沒想到他會走絕路。但我知道一點，但凡無理挑釁的人，一定有所倚仗。一個人如果在小事上不能忍耐，多半會招災惹禍。」

財富箴言

善戰者不怒，善怒者不富。

難得糊塗，慧極必傷。

第三十課　他們都曾經笑過

1. 她為什麼總是微笑

　　有一次，美國締造者之一的佛蘭克林在賓夕法尼亞州一家雜貨鋪中目睹了一件不可思議的事。當時，雜貨鋪推出了一項受理顧客投訴的活動，在相關的櫃檯前，許多顧客排著長長的隊，爭先恐後向櫃檯後的年輕小姐訴說他們的遭遇。這些人滿懷怒氣，十分憤怒且蠻不講理，有人甚至出言不遜，滿嘴髒話，非常難聽。但負責接待的年輕小姐臉上始終帶著微笑，即使是聽到那些讓人忍受不了的髒話，她也未表現出絲毫異狀。她的態度始終優雅而鎮靜，那些惱火的顧客們來到她面前時，個個還像咆哮怒吼的野獸，可當他們離開時，卻都像極了溫柔的綿羊，有人的臉上甚至露出了羞怯的神情，他們開始為自己剛才過激的言行感到慚愧。

　　面對常人難以忍受的刺激，她為什麼總是微笑呢？佛蘭克林注意到，在這位「微笑小姐」的背後，還有另一位年輕的小姐，每接待一位顧客，她都會在一張紙條上飛快寫下一些字，然後把紙條交給「微笑小姐」。這些紙條上很簡要記下了顧客們抱怨的內容，但省略了那些尖酸而憤怒的話語。她為什麼要這麼做呢？原來，站在櫃檯前面的「微笑小姐」並不是不懂得憤怒，而是聽不到顧客的憤

怒 —— 她是個聾子。

透過這件事，佛蘭克林意識到，每個人都應該有一副「心理耳罩」，對於那些不願意聽的無聊話和傷人語，完全可以把兩個耳朵「閉上」，以免徒增憎恨與憤怒。

財富箴言
顧客永遠是對的，商家永遠是笑的。

戴好「心理耳罩」，讓別人說去吧。

2. 他的微笑價值百萬美元

1930 年初秋的一天早晨，一個矮個子青年從日本一座公園的長凳上爬起來，徒步去上班。由於拖欠房租，他已經在公園的長凳上睡了兩個多月了。他是一家保險公司的推銷員，雖然工作勤奮，但他的收入很少，甚至吃不起午餐，每天還要看盡人們的臉色。

這天，他來到一家寺廟，向住持介紹投保的好處。住持耐心聽他把話講完，然後平靜的說：「你的介紹絲毫引不起我投保的意願。人與人之間，像這樣相對而坐的時候，一定要具備一種強烈吸引對方的魅力，如果你做不到這一點，將來就沒什麼前途可言……」

「一種強烈吸引對方的魅力？這究竟是什麼呢？」從寺廟裡出來，年輕人一路思索著老和尚的話，若有所悟。不久，他開了一個專門針對自己的「責罵會」，請同事或客戶吃飯，目的只為讓他們指出自己的缺點。同時，他把自己的微笑分為三十九種，一一列出各種笑容所表達的心情與意義，然後對著鏡子反覆練習。曾經有一次，他為了對付一個極其頑固的客人，先後使用了多達三十八種微笑！他就是後來連續十五年保持全日本壽險銷售第一的推銷大師原

一平，他的微笑被人們譽為「價值百萬美元的笑」。

財富箴言

商人重和氣，不重骨氣。

3. 今天，你微笑了嗎

　　1919 年，20 歲的希爾頓靠著父親留給他的全部遺產 —— 不足兩萬美元，開了一家以自己的名字命名的小型旅館。經過幾年的努力，他的資本已經達到了五千萬美元。但是，當希爾頓把這一喜訊告訴他的母親時，其母的反應卻出乎希爾頓的意料之外，她只是淡淡說道：「在我看來，你跟以前根本沒有什麼不同……你必須把握比五千萬美元更有價值的東西：除了對顧客誠實之外，你還要想方設法使每一個住過旅館的人都成為回頭客，而且這個辦法還應該簡單易行、不花本錢並且長久有效，只有這樣，你的旅館才會有前途。」

　　經過長時間的迷惘與摸索，希爾頓終於找到了母親所說的「更有價值的東西」 —— 微笑。他確信，微笑會使希爾頓飯店獲得前所未有的發展。即使是在美國經濟蕭條最嚴重的 1930 年（當時希爾頓陷入負債經營），希爾頓也沒有灰心，他一次又一次囑咐他的員工們：「雖然目前我們遇到了困境，但我們一定會度過難關。因此，我請各位注意，千萬不要把心裡的愁雲擺在臉上。無論飯店本身遭遇的困難如何，希爾頓飯店服務員臉上的微笑永遠都應該是最燦爛的。」事實證明，希爾頓飯店的所有人員都做到了這一點，無疑，他們不僅度過了難關，同時也贏來了希爾頓飯店的新紀元。

　　此後，希爾頓又為各分店購置了一系列的現代化設備。然後，

他在全體員工大會上問道：「現在我們新添了世界第一流的設備，大家認為還必須配備一些什麼第一流的東西，才能使客人更喜歡我們的飯店呢？」在得到了很多錯誤答案以後，希爾頓笑著搖頭說：「請你們想一想，如果飯店只有第一流的服務設備而沒有第一流服務人員的微笑，那些客人會認為我們供應了他們最喜歡的東西嗎？如果缺少服務員美好的微笑，正好比花園裡失去了春天的太陽與春風。倘若我是顧客，我寧願住進雖然只有殘舊地毯，卻處處見得到微笑的飯店。我不願去只有一流設備而見不到微笑的地方。每天早晨，我們都要問問自己：今天，你微笑了嗎？」

財富箴言

伸手不打笑臉人。

面對春天般的微笑，沒有誰能無動於衷。

第三十一課　他們都曾經低過

1. 實在不湊巧，他今天沒有過來

某知名手機創始人任先生是個低調得接近神祕的企業家。

有一次，任先生在某電信展會上接待客戶時，一個中年男子走過來問他：「請問總裁任先生有沒有來？」

任先生反問：「你找他有事嗎？」

中年男子說：「也沒什麼事，就是想見見這位帶領公司走到今天的傳奇人物究竟是個什麼樣子。」

任先生聽罷說：「實在不湊巧，他今天沒有過來，但我一定會把你的意思轉達給他。」

還有一次，有人去該公司辦事，忙忙碌碌和負責人們交換了名片，坐定之後發現自己手裡居然有一張是任先生的，急忙環顧左右，他早已不見了蹤影。

2009 年，當資料統計公司把計算出的財富資料及相關資訊傳送給該公司後，竟然收到了一張律師函，表示堅絕不同意將任先生放到榜單上，否則將訴諸法律！這讓資料統計公司的主管非常「害怕」，並最終在當年的富豪排行榜上作了一定的妥協。他們在介紹任先生時寫道：他是個不喜歡張揚的人，他不願披露有關自己財富狀

財富箴言

潛心做事，你會一次比一次優秀。

低調做人，你會一次比一次穩健。

2. 如果你的公司目前只有兩個人

知名企業家馬先生在電視節目裡面說：「如果你的公司目前只有兩個人，你就在名片上把自己的稱呼放低一點，這樣會贏得尊重！這個情況在很多小企業和小網站太常見了，明明是四五個人的小地方，非得告訴人家說這是 CEO，這是 COO，這是 CFO，這是UFO⋯⋯哦，UFO 是飛碟。講個小故事，當年劉備落魄之時，創業之初，公司只有兩個員工，關羽跟張飛。而他們倆的官銜一個是馬弓手，一個是步弓手，連公孫瓚都說：『如此可謂埋沒英雄』，此時劉備跟公孫瓚對話時也提及自己是平原縣令，想想如果劉備當時說：『這倆是我兄弟，一起打黃巾的，關羽是驃騎大將軍，張飛是兵馬都督⋯⋯』那我估計公孫瓚也不會拉著劉備一起投奔袁本初去了⋯⋯」

財富箴言

地低為海，人低為王。

3. 不能凸顯日本公司的特點

喜歡看電影的朋友都知道哥倫比亞電影公司，也往往想當然的認為它是一家美國公司。其實不然，早在 1989 年，哥倫比亞就被日

本 SONY 公司收購了。之所以大家不知道內情，就在於 SONY 董事長盛田昭夫知道，收購後成功的關鍵在於「不能凸顯日本公司的特點」，必須使被收購的公司繼續保持美國特色。所以，不僅收購非常祕密，而且時至今日哥倫比亞還沿用著原來的企業名稱。

當然這也與當時的「嚴峻形勢」有關。從 1980 年底開始，美國各主要工業紛紛敗在日本公司手上，大家熟知的就是美國人紛紛開起了日本車，以及日本人收購被美國人稱為「國家歷史地標」的洛克斐勒中心。如今，日本人居然連象徵美國影視文化的哥倫比亞公司都要買走了。當時，美國上下一片驚呼：日本人打算連美國的文化都要奪取嗎？某雜誌居然稱 SONY 公司的收購是「比蘇聯軍事力量更可怕的威脅」！最終，為不致引火焚身，盛田昭夫只得像當年日本鬼子進村一樣，悄悄接管了哥倫比亞。這是無奈之舉，也是一種明智。而其他日本企業就沒那麼幸運了。僅過了兩年，洛克斐勒中心就被日本人「吐」了出來。時至今日，日本還沒從「失落的十年」中緩過來。

財富箴言

海至低則無垠，人至低則無敵。

4. 乳製品企業都是一家人

1999 年年初，牛先生被迫離開一間乳製品企業，和以前的同事開了新的乳製品公司。某競爭對手為封殺這間新公司，爭奪奶源，曾經派人攔截他的運奶車，幾車牛奶被當場倒掉；五月，公司的數十塊廣告看板一夜之間被人砸得面目全非……但是當記者問：「看板到底是誰砸的？」時，牛先生卻寧願讓大家心照不宣。為了減少衝

突和不必要的麻煩，同時保護自己，他還很快制定出了「收奶三不」政策：凡是大企業已設立集奶站的地方不建立自己公司的集奶站；不購買非自己公司設立的集奶站的牛奶；凡是跟大企業收購標準、價格不一致的事，自己公司不做。

同時，牛先生提出了「做大市場、統一戰線」的呼籲，他說：「我們公司和大企業都是盟友，應該相互促進，把統一戰線做大，行業內部規格化，對自己的發展也有好處。」在很多場合，他不止一次說：「提倡全民喝奶，但大家不一定要喝我們公司的奶，只要你願意喝奶就行。只有把行業市場做大了，大家才都有飯吃。」此後，牛先生透過公益廣告的形式將當地所有乳品企業烙上一榮俱榮，一損俱損的烙印。這樣做的直接結果是使公司的命運和當地的經濟發展大局捆綁在一起，抬高競爭對手的同時保護了自己。

如果僅僅是「委曲求全」，當然稱不上高明。牛先生不僅在競爭對手的強大攻勢下活了下來，還巧妙利用了大企業的知名度，無形中將自己公司的品牌打了出去，就在極短時間內聲名遠播。在產品宣傳方面，牛先生總是打擦邊球，總是把自己公司與大企業關聯在一起，比如「做第二品牌」、「為乳製品產業爭氣，向大企業學習」等等。

財富箴言

甘拜下風，才有機會占盡上風。

第三十二課　他們都曾經秀過

1. 這是一個作秀的年代

　　在李氏夫婦登上百大財富榜之前，某知名網路掌門人張先生是榜中唯一的博士。張先生學的是物理，而且是理論物理。一般來說，從事科學研究大多需要理性，但棄「學」經商後的他卻顯得非常感性，甚至可以說是個性。

　　這是一個作秀的年代 —— 這是張先生的名言。他的作秀是從登山開始的。2002 年，張先生登山，與其他企業的老闆王先生會合。2003 年，對整個登山活動進行全程直播報導。同年，張先生登頂雪山。2005 年，張先生領由明星組成的登山隊登上了新疆的高山。

　　除了登山，張先生還是各電視臺、各大學的常客，但最令人瞠目結舌的還是張先生不停在電視節目上出現。

　　寫真早已不是什麼新鮮事，但是 CEO 拍寫真的事情絕不多見，張先生就是其一。當年，41 歲的張先生赤裸著上身，擺出一副眼高於頂的架勢，再加上那兩根小辮子，把大家都嚇傻了。

　　因為作秀，或者說「天生的時尚」，張先生也沒少吃苦頭，尤其是公司創立之初。當時，最重要的就是廣告客戶，但他對外的作風，總給人一種這個年輕人不踏實、不實在的感覺。但成功之後的

他說：「作秀沒什麼不好，至少證明行銷做得到位。CEO 有一部分責任是面對大眾，把公司的理念告訴大眾。如果作秀能吸引人們的眼球，使人們的眼前一亮，就可以做。頻繁曝光、被炒作是公司的市場策略，是為公司作貢獻，這為我們節約了大筆廣告支出。」作秀也不是想做就能做的，更不是想做就能做好的。

財富箴言

科學需要理性，商業需要感性，顧客需要個性。

誰能吸引眼球，誰就能吸引鈔票。

2. 鑽戒是我故意掉下去的

地中海島國馬爾他是世界聞名的旅遊國度，其境內星羅棋布的湖泊最為吸引人。有一年，馬爾他政府決定在境內最古老的湖泊艾倫湖底展開湖底觀光旅遊專案，但前期調查研究發現，艾倫湖底淤積了厚厚一層淤泥，因此開工之前，必須先將湖底的淤泥全部清出。

經過預算，馬爾他政府決定出資五百萬英鎊，僱用民間公司清除湖底的淤泥，但消息發布了很久，卻沒有一家公司願意，原因則是人們認為五百萬英鎊太少，根本無法完成那麼大的工程。沒有人願意賠本。但就在當地政府一籌莫展之際，英國一家旅遊公司的總裁喬治·斯維頓卻勇敢遞出了標書。

一時間，輿論界一片譁然，同行們也樂得看笑話，斯維頓則趁熱打鐵，在人們的議論聲中，僱用了當地人的一艘小船，在艾倫湖上進行開工前的探勘工作。當天天氣晴好，風和日麗，不一會兒，斯維頓等人便來到了湖中心。

斯維頓揮手示意當地人可以停船了，陽光照在他的手上，一顆鑽戒顯得格外耀眼。事實上，那是一顆重達二十克拉的鑽戒。划船的當地人羨慕的問：「先生，您這鑽戒真漂亮，很貴吧？」斯維頓淡淡一笑：「哪裡，不過兩百多萬英鎊！」大家聽得目瞪口呆。

「你們可以看看！」斯維頓說著，將鑽戒從手指上摘下來，一邊遞給當地人，一邊說：「現在恐怕不止這個價了，你們看這顆大鑽石……」忽然，小船晃了晃，斯維頓踉蹌了一下，還來不及遞出的鑽戒掉進了湖裡！

兩百多萬英鎊的鑽戒啊！大家都慌了，立即有兩個當地人跳進了湖裡去尋找，但最終都空手而歸。

「很可能是陷在淤泥裡了……」斯維頓沮喪的說，「算了，今天就到這裡了，回去吧。」就這樣，一行人划著小船回到岸上。

和斯維頓等人分手後，兩個當地人立即跑回家中，一天後，兩百多萬英鎊的鑽戒掉進了湖裡的消息便不脛而走，斯維頓得到回饋後，高興的對助手說：「用不了幾天，我們就可以完工了。其實，鑽戒是我故意掉下去的。」

果不其然，當地人聽說鑽戒掉進了湖裡，都使盡了渾身解數，很多人不惜動用機械將淤泥挖上岸，尋找鑽戒。僅僅一個星期，湖底的淤泥就被挖光了。斯維頓雖然賠上了一隻鑽戒，但他不費吹灰之力，就得了五百萬英鎊，算下來，還淨賺了三百萬英鎊。

財富箴言

沒有給予就沒有獲取，沒有獲取就沒有給予。

3. 你倒藥時往裡面多夾些好藥

胡雪巖剛開始創設「胡慶餘堂」時，因為「胡慶餘堂」沒有名氣，因此基本上也沒什麼生意。限於當時的儲存技術，一到梅雨天，許多賣不出去的藥材還是會發黴，胡雪巖只好命人倒掉，結果幾個月下來，店裡連店員的薪水都賺不回來。胡雪巖眼看要虧本，急得像熱鍋上的螞蟻，但一時半會實在想不出好辦法來。

有一天，胡雪巖無意中看到幾個江湖郎中正在他倒掉的黴藥材中挑揀還能湊合著用的「好藥」，心裡不由一動。他立即返回店中，吩咐店員說：「你以後倒黴藥時，記得一定要在裡面多夾些好藥。」

店員不明就理，但還是照辦了，結果撿藥的郎中們感到很驚訝，心說這麼好的藥都倒掉了，這「胡慶餘堂」裡賣的一定全是好藥了。就這樣一傳十，十傳百，「胡慶餘堂藥材好」的消息便傳開了，來買藥的人一天比一天多起來，再加上胡雪巖進一步嚴把品質關，堅絕不賣次級品，時間一長，「胡慶餘堂」自然名揚四海，享譽八方。

財富箴言
酒好也怕巷子深，藥好仍需巧宣傳。

第三十三課　他們都曾經炒過

1. 你們這裡有得賣嗎

　　據說，現代派藝術大師畢卡索初到巴黎時，一來沒有名氣，二來他的畫太抽象，因此畫廊的老闆們沒有一個人賞識他。當口袋裡的銀幣所剩無幾時，畢卡索想到了因貧困而死的前輩梵谷。於是他破釜沉舟，拿出所有的銀幣請了幾個大學生，讓他們一有時間就去各個畫廊看畫，看看這幅、看看那幅，臨走時再問上一兩句「哪裡有畢卡索的畫？」、「畢卡索什麼時候來巴黎？」之類的話。一時間，畢卡索成了巴黎繪畫界熱議的話題。沒過多久，畢卡索的作品就成了巴黎各大畫店的搶手貨。

　　知名飲品企業總裁宗先生是不是看過上面的故事我們不得而知，但他當初推銷公司的營養品時採取的策略與此如出一轍。宗先生說：「當時想打開全國市場，跑到一座城市，先是跟當地的報社、電視臺見面，簽下廣告投放契約，然後就拿著這個契約去拜訪當地的糖酒食品公司，請他們買貨、鋪貨、賣貨，再然後就是昏天黑地的廣告轟炸，不出一個月，一個城市就打開了。如果糖酒公司對產品沒有興趣，我們就躲在一個小旅館裡，翻開當地的黃頁電話簿，打給當地的購物中心、百貨公司、區經銷公司，一家一家打去，

就問一個問題：「你們這裡有賣營養品嗎？有的話先替我們送一百箱⋯⋯」第二天，糖酒公司的人就開始滿世界找我們公司的營養品了。」

財富箴言

有資金沒資金，先炒起來。

有市場沒市場，先炒起來。

有品牌沒品牌，先炒起來。

2. 這是我的手機號碼

在軍人出身的姬先生上任之前，酒廠由於效益不好，窮得薪水都發不出去。酒廠的酒是一個小小的、名不見經傳的地方白酒品牌。

上任不足三月，姬先生便帶著 200 萬元的支票去了大城市。他先是在當地電視臺買斷時間，密集投放廣告，然後帶著手下的推銷員跑到街上，沿街請市民免費品嘗白酒。最拉風的是，他租用了一艘大飛艇，在鬧市市區上空反覆巡邏，從天上撒下數十萬張廣告傳單，一時間場面十分混亂，但卻在最短時間內讓當地人記住了品牌。二十天不到，他們的酒在大城市已開始為人熟知並熱銷。

1994 年，電視臺廣告開始競標出售。當年 11 月，姬先生帶了 1.5 億元來到首都。這錢幾乎是當年酒廠一年的所有利稅之和，意味著三萬噸的白酒。事實上 1.5 億元看似不少，但競標遠遠不夠，最終，姬先生以 3.3 億元的天價標到了，高出第二位將近 1500 萬元！此後一年時間，酒廠的業績整整躥升了六倍。

一年後，已名滿天下的姬先生再次競標。這一次的競標之爭

更加激烈，但是最終以 16 億元的天價贏得了標。當主持人問他為什麼會選這麼一個零碎的數字競標時，得到的答案是：這是我的手機號碼！

儘管後來酒廠由於公關出現危機，逐漸淡出了人們的視野，大眾也屢次詬病姬先生以 16 億元的代價讓人記住的行為是十足的燒錢行為加面子工程，但如果沒有他屢次成功炒作的話，酒廠連失敗的機會也沒有。

財富箴言

只作不炒，發展不好；只炒不作，遲早沒落。

3. 顧客們，請擦亮你的眼睛

多年前，美國賓州費城西北部的一條街上，同時開起了兩家相鄰的商店。左邊的店主名叫約翰，店名「美洲貿易商店」，右邊的店主名叫傑克，店名「紐約貿易商店」。由於兩家商店都經營生活用品，因此剛一開張便成了死對頭。

這天一早，約翰在店門口掛出了大幅廣告，「出售愛爾蘭亞麻被單，品質上乘，價格低廉，每床 6 美元！」正當很多顧客欲進店看個究竟時，旁邊的傑克也掛出了一幅廣告，上寫：「顧客們，請擦亮你的眼睛。本店床單世界一流，定價 5.5 美元！」人們立即被傑克的廣告吸引了過去，約翰氣得火冒三丈，傑克根本不在乎他的態度，當即故意翻翻眼皮，哼起了美國鄉村歌曲。

「你這傢伙竟敢挑釁我！」約翰氣不過，大步走到傑克面前罵道：「你這個蠢豬！」

「你這個垃圾！」傑克以牙還牙。

「你還敢還嘴！」約翰再也抑制不住自己的怒火，向傑克撲了過去。傑克立即還擊，最終被顧客們拉開了。然後，顧客們湧進傑克的店裡，把他那便宜的床單一掃而光。

從此以後，約翰和傑克就沒有停過，雖然不至於每次都大打出手，但每次都會在惡語相向的同時大打價格戰，當地人則每次趁火打劫，買到各種物美價廉的商品。

三十年後的一天，傑克猝然去世。按照道理說，這下顧客都是約翰的了，他可以放心經營了，但沒幾天他卻掛出了「本店不久轉讓，現清倉大促銷」的牌子。剛開始，人們還認為他不過是借此吸引顧客，誰知不久，他果真悄悄搬了家。

一個月後，房子的新主人來了。他在清理房子時，意外發現約翰和傑克這對冤家的住房裡竟有一道暗道相通。這引起了警方的注意，但調查結果卻令當地人大吃一驚：原來約翰和傑克這兩個對頭竟是兄弟！他們所謂的咒罵和價格競爭都是為了推銷商品，當顧客湧入便宜的一家店時，賣得貴的那家店的貨物也會從密道中源源不斷的送過去！

財富箴言
從南京到北京，從紐約到費城，買的好不如賣的精。

4. 我們的機會來了，是他們送來的

1980 年中期，一家小服裝廠成立，工廠負責人周先生，他帶領著一幫兄弟苦打苦拚，最終使工廠走上了正軌。

但周先生並不滿足，他發現，自己工廠裡生產的服裝，和國外那些帶商標的服裝，售價差了很大一截，之所以如此，就在於對方

是所謂的名牌，而自己生產的服裝，卻連個「土牌」也稱不上，於是他就想，我為什麼不創造一個品牌呢？最終，他為自己的服裝定了名稱，並成功將服裝推向了市場。

但是，一個品牌從默默無聞到成為著名品牌，不是一件容易的事，其間需要顧客及市場的認同，也需要廣告效應，但對於當時的周先生來說，品牌效應在消費者中尚未形成，而且，以當時的經濟實力，他也拿不出太多的錢來做廣告，因此，很長一段時間內，處於一種有牌無名的狀態。

周先生苦苦思索著突破瓶頸的辦法，卻始終找不到方向。直到有一天，一個下屬匯報說：「別看我們的牌子不有名，但還有人仿冒嘿！」當時，各大城市等地都出現了假冒的服裝……這造成了很大的經濟損失，所以，當合夥人聽到這個消息後，都十分憤怒，周先生卻十分平靜，並且高興的對大家說：「看來，我們的機會來了，是他們送來的！」

不久，在周先生的策劃、指揮下，開始了一場轟轟烈烈的打假活動，他們大張旗鼓、不惜成本的進行維權，將造假者一個個告上法庭，而且主動關聯新聞媒體，召開新聞發布會，迅速在全國範圍內掀起了一場規模空前的「真假大戰」，並引起了全社會的注意。

最終的結果是，真的品牌維權成功，所有的官司均告勝訴，而且得到了應有的經濟賠償。然而有「精明」的人算了算，發現周先生其實是做了一個賠本的買賣：儘管他勝訴了，也得到了賠償，但些許賠償遠不抵其維權的成本，可謂得不償失。因此，不少人都笑周先生傻，笑他不會算帳，認為他不該為了幾個小錢去進行這樣一場冒失的行動。

但不久之後，人們就發現，他們才是不會算帳的人。因為周先

生雖然賠了錢，但透過這次打假行動，使得原來名不見經傳的品牌聲名大噪，一躍而成為名牌產品，其銷量迅速成長，達到了供不應求的狀態。周先生審時度勢，當即推出了更高級的產品，最終打造成了名牌中的名牌。

財富箴言

黑貓白貓，抓住老鼠就是好貓。

高招笨招，解決問題就是好招。

第三十四課　他們都曾經誘過

1. 誰撿到銅牌都可以換一件紀念品

六十多年前，美國芝加哥市曾經舉辦過一次大型博覽會，當時美國的大小公司幾乎全部到會，前往參觀、購物、訂貨的人更是不計其數。

看著面前摩肩接踵的顧客，滾滾而來的鈔票，很多商家都樂得合不攏嘴，唯有一個老闆不高興，他就是美國五七罐頭食品公司的經理漢斯。由於到場較晚，漢斯已經沒有地方展覽自己的產品。好在會場中還有一個偏僻的閣樓，他只能先把產品放在那裡，思索對策。

漢斯試圖說服會長，讓他重新安排個地方，但會長表示實在愛莫能助，並安慰漢斯說：「您不用太擔心，真正優質的商品，不論擺在哪裡，終究會吸引顧客的。」

求情無濟於事，漢斯只好向一起來的銷售員們求計。他說：「為了參加這次展覽，我們帶來了全美國最好的罐頭食品，請了最棒的包裝師精心包裝，選了公司最聰明、最漂亮的年輕姑娘來擔任推銷。我們不能在這個最偏僻的閣樓上展出。哪位有妙策，請獻出來，我一定根據獲利狀況，予以重獎。」

第二天一早，便有職員為漢斯獻上了妙計。漢斯按計施行，不過一個小時，之前僻靜的小閣樓便被顧客們擠得水泄不通，五七罐頭食品公司的銷售員們使盡渾身解數，仍然應接不暇。幾天時間，該公司便獲利五十多萬美元。

那麼，那位職員的妙計到底有多妙呢？其實非常簡單：「迅速製作一些小銅牌，在銅牌上刻上這樣的宣傳語：無論是誰，只要拾到這些銅牌，就可以到展覽會的閣樓上漢斯食品公司陳列處換一件紀念品。」

財富箴言

哪裡有便宜，哪裡就有貪便宜的人。

2. 價錢自己定

「不走尋常路」——這是大家耳熟能詳的廣告詞。不過，關於某知名服裝品牌到底是如何不走尋常路的，就很少有人知道了。

當年周先生創造了新品牌，可是品牌有了，但怎麼才能把它打響呢？經過深思熟慮，他採取了一個大膽而又保險的策略。開業那天，他將店內所有服裝的成本價，包括質料、鈕釦、電費、稅務等，全部公開，然後由看到公開價的消費者自己定價，只要高於成本價哪怕一元，就成交！這一創舉立刻吸引了無數的消費者，瞬間爆紅，連周先生都始料不及。剛開始，顧客還僅限於在店面內搶購，後來顧客乾脆擁進了店面後的倉庫裡！所有的衣服全被賣掉，聞訊而來的媒體也爭相報導，他沒花分文廣告費，卻既賺了錢，又打響了服裝品牌。

財富箴言

哪裡有便宜，哪裡就有購買力。

3. 為什麼信裡沒有五美元

有一次，鋼鐵大王卡內基的嫂嫂擔心兩個在異地求學的孩子生了病，因為兩個孩子「忙」得連寫信回家的時間都沒有，母親寫信給他們，他們卻從來都不回信。卡內基知道後，就笑著跟嫂嫂打賭，說他不用在信上要求兩個姪子回信，就可以讓他們迅速回信，否則自己願意輸給嫂嫂一百美元。嫂嫂不相信，也沒興趣打賭，倒是一個鄰居很不服氣要跟卡內基打賭。

於是卡內基寫了一封純屬閒聊的信給兩個姪子，並在信後附帶著說，他隨信寄給了兩個姪子每人五美元。事實上他並沒有把錢附在信裡。結果回信很快就來了，兩個姪子在信中非常感謝「親愛的安德魯叔叔」，不過他們最關心的問題還是 ——「為什麼信裡沒有五美元？是不是丟了？」

財富箴言

親如母子，有時還不如五美元！

4. 那不行，我全靠它賣貓呢

美國人哈勒是個大古董商人。有一次，他去四大文明古國之一的埃及旅遊，順便搜羅古董。這天，他獨自一人去趕一個熱鬧的集市。集市上人流如潮，小攤上的貨物琳瑯滿目，哈勒卻懶得看它們一眼，因為沒有一件中他的意。

忽然，哈勒的目光落在一個賣貓人身上。那是一位埃及老人，

他正微笑著吆喝賣貓，一隻漂亮的小貓正在老人面前的地上有滋有味的吃著食物，食物裝在一個極粗糙的舊碗裡。而那只舊碗，竟然是一件上千年的古董！

哈勒停下腳步，稍一盤算，他便想到了策略。他走上前去，一隻手抱起小貓，另一隻手端起貓碗，假裝給小貓餵食，其實是借機確認它到底是不是古董。最後，哈勒確定，這真的是一件古董。他壓抑住心頭的狂喜，微笑著說：「老人家，這隻可愛的小貓多少錢？」

老人趕緊回答：「五百美元！」

「這麼貴？」哈勒心想，這都能買一百隻小貓了！不過為了古董，只能捨了。他摸出錢包，數出五百美元，遞給老人，說：「要不是這隻小貓這麼可愛，我才捨不得花這麼多錢呢。哎，老人家，這個碗這麼舊，也該換個新的啦。你沒用，這碗就送給我吧！」

誰知老人站了起來，奪回小碗，說：「先生，那可不行，我全靠著它賣貓呢！」

財富箴言

只有誘餌足夠大，再精明的人也難免上當。

第三十五課　他們都曾經奇過

1. 把椅背統統鋸掉

「麥當勞之父」克羅克不喜歡坐辦公室，而是喜歡到各公司、各部門訪視。有一次，麥當勞陷入危機，克羅克透過調查和走訪，發現問題出在管理層：各部門高級主管都出現了嚴重的官僚主義，他們已經習慣了每天坐在辦公室裡，靠在舒適的椅背上指手畫腳、抽菸、閒聊。

克羅克知道，這些人雖說不夠敬業，但都是百裡挑一的人才，引導得當，還是大有可為的。更重要的是，簡單粗暴的對待他們，很有可能使他們在一怒之下離開公司，這無疑會使公司運轉雪上加霜。

經過深思熟慮，克羅克想出了一個奇招：命人把每個經理人的椅背統統鋸掉，並且要立即照辦！公司上下頓時一片譁然，很多人私下罵克羅克是瘋子兼變態。但沒過多久，人們便明白了老闆的良苦用心：椅背被鋸掉後，坐在上面很不舒服，管理者只好走出辦公室，下到基層，實地考察，發現並及時解決問題。最終，麥當勞在各部門經理人的「走動式管理」下扭虧為盈。

財富箴言

每個人身後都有一張看不見的靠背，

成功了也不要「坐享其成」。

管理者要是坐下，部下就躺下了。

2. 半小時後再表演一番

有一天，在加拿大多倫多一家大型購物中心內，人來人往，非常繁忙。突然，一個珠寶展櫃前發生騷動，顧客們看到：商店兩名保全合力扭住一個小偷，小偷竭力掙扎，大聲否認自己偷了珠寶，但保全不由分說，將他押進了購物中心警衛室。但顧客們不知道，警衛室的門剛剛關上，保全便放開小偷，並拍著他的肩膀說：「兄弟，演得好，半小時後再到文具部表演一番！」

原來，這不過是在做戲，是做給顧客看的。那個小偷不是真的小偷，而是購物中心從該國的「小偷租賃公司」租來的。那麼，這個「小偷租賃公司」是個什麼樣的企業呢？又是什麼人會想到要開這麼一個奇特的公司呢？

說來真巧，該公司的創始人居然叫做寇亨 —— 盜賊大亨嘛！這位大亨年僅三十多歲，說起他的專業公司的創建，他笑著說：「戲法人人會變，巧妙各有不同。當今世界五彩繽紛，什麼行業不是無奇不有？百貨商店、購物中心顧客如雲，其中當然也有梁上君子。不是常常聽到某商店、某購物中心鬧小偷嗎？即使配備了保全，也是防不勝防。我想，對付小偷的最佳辦法之一，就是當場抓獲讓其丟人現眼，使其他小偷有所震懾，不敢動作。這就叫殺一儆百。根據這個設想，我就辦起了這家公司，專門為商店、購物中心提供嚇猴用的小雞。」

167

一開始，很多人雖然佩服寇亨的創意，但並不看好這一行的前途。但是沒想到，寇亨的小偷租賃公司剛剛開張，便有生意送上門來，開業第一個月，寇亨就接下了數十份業務，獲利頗豐。不久，這個新奇的公司引起了媒體和社會輿論的關注，人們紛紛稱讚這是個一舉四得的好事：商店滿意、自家發財、創造了就業機會，還促進了社會的穩定。寇亨的公司得以借助輿論的力量飛速成長，目前，他正在籌備把公司發展到全球各地呢！

財富箴言

「好奇」是本能，「獵奇」是常態，

「出奇」是智慧，「奇兵」才有奇效。

3. 想不想報復令你傷心的人

世界各地都有出售鮮花的商店，人們往往購買各種鮮花，作為祝賀節日和安慰病人的禮品。但在智利首都聖地牙哥，卻有一家專門出售「死玫瑰花」的商店，這個花店主要出售或代寄乾枯的玫瑰花瓣或花葉，以便為失戀者、失意者、受騙者或落魄者以含蓄的方式發洩心中的怨氣。

這家店主為什麼會開這麼一家花店呢？店主凱文・米莫介紹說，「死玫瑰」的創辦源自於的一次失戀體會。當時，米莫的女友離開了他，這讓米莫既憤怒又痛苦，一連數日都不能釋懷。突然有一天，米莫不經意間發現窗臺上原本盛開的玫瑰花枯萎了。聯想到自己的現狀，米莫感慨的想到，這大概就是愛情終結的象徵吧！剎那間，他靈機一動，當即剪下那朵玫瑰花，然後用一根黑色的絲線捆好，打包郵寄給了讓他傷心的人。做完這一切，他的心情好多了，

失戀的痛苦好像也隨著乾花的寄出變淡了。

從失落感中解脫出來之後，米莫又想到：這個世界上，為情痴迷、為愛感傷的人太多了，我何不開設一家「死玫瑰」花店，專門出售、代寄枯萎的玫瑰？

就這樣，「死玫瑰」很快開張了。雖然枯萎的玫瑰花售價不菲，但由於具有奇妙的用途，所以自從開張之日起，店裡每天都是顧客盈門，很多外地的顧客也透過各種方式要求米莫代寄枯萎的玫瑰花給那些曾經傷害過他們的人。而那些收到死玫瑰的人，多半會受到良心的譴責，更有少部分人良心發現，再次破鏡重圓！因此，顧客們不僅樂得掏錢，而且對米莫心懷感激，都說這家花店開得好。

財富箴言

哪裡有智慧，哪裡就有道路；哪裡有智慧，哪裡就有成效。

第三十六課　他們都曾經怪過

1. 我要每個人都記得我

　　美國人喬・吉拉德是世界公認的「最偉大的推銷員」。在十五年的汽車推銷生涯中，他一共賣出了一萬三千零一輛汽車，平均每天六輛，而且他的顧客全都是個人。不過 35 歲之前的喬・吉拉德是個全盤的失敗者，他先後換過四十份工作卻一事無成，為了填飽肚子，他甚至做過小偷。

　　喬・吉拉德是如何實現逆轉的？除了必不可少的汗水，很重要的一個原因就是他與眾不同的給名片方式。

　　每一次，喬・吉拉德都會給人兩張名片，並說：「你留下一張，另一張給別人。」對方未必會給別人，但多半會因此記住他。去餐廳吃飯，喬・吉拉德必定會留下兩樣東西：兩張名片和可觀的小費。寄支票給別人時，他會在信封中夾上兩張名片。每個潛在客戶每月都會收到他特製的卡片。有一個月，他總共寄出了十萬零六千張卡片。

　　喬・吉拉德特意把名片印成橄欖綠色，令人聯想到一張張美鈔。最「怪異」的是，他喜歡在大眾場合撒名片。每當底特律棒球場舉行熱門球賽時，喬・吉拉德都會站在看臺的最高處，居高臨下，

向觀眾們一整袋、一整袋的撒名片。他說：「我同意這是個很怪異的舉動，但正是因為怪異，人們才會記得。只要這些名片有一張落入想買車的人手中，我賺到的傭金就會大大超過這些名片的成本……我要每個人都記得我。即使你今天不買車，但你有一天想買車時，會記起喬‧吉拉德，並有我的名片，我的生意便做成了。」

財富箴言

全盤的失敗者＋勤奮＋技巧＝最偉大的推銷員。

有多少人記得你？你又記得多少人？

2. 我自己可以看到我自己

有一次，日本行銷大師夏目志郎打電話給客戶，想和對方溝通一件重要事情，客戶說：「對不起，我現在非常忙，今天一天我都沒有時間。」夏目志郎說：「沒關係，先生，我很理解您，但我只要求五分鐘時間，今天不管有多晚，我都可以再打過去！請問可以嗎？」客戶說：「今天晚上開完會議，安排好工作之後，回到家可能是凌晨兩點了，你可不可以凌晨兩點再打過來？」夏目志郎立刻說：「沒問題！」

凌晨一點，夏目志郎已經休息了，但他沒有忘記和客戶的約定。他開始起床、穿衣服、打領帶、刷牙、洗臉、梳頭，先後花了四十分鐘。他的太太問：「老公，這麼晚了，你要做什麼？」夏目志郎說：「我要打電話給客戶。」他太太奇道：「你要打很長時間嗎？」他說：「只要五分鐘就可以了，你先休息吧。」他太太更驚詫的問：「你有沒有搞錯，打五分鐘電話，還要起來刷牙洗臉穿衣服打領帶？躺在床上打不就可以了嗎？」

夏目志郎笑了笑，沒有回答。到與客戶約定的時間，與客戶溝通完畢，他才告訴太太：「雖然客戶看不到我，但是我自己可以看到我自己；雖然我的客戶看不到我，但是他可以聽到我的聲音，可以感受到我此刻的狀態，感受到我此刻的熱情，感受到我此刻的微笑。」

財富箴言
對事業要熱誠，對自己要真誠，對客戶要虔誠。
不著魔，不成佛。不瘋狂，不正常！

3. 每桶四美元的標準石油

美國標準石油公司第二任董事長阿基勃特本是公司一個普通的基層推銷員，無論是能力還是相貌，他看上去並不起眼，許多同事都對他不屑一顧。但他有個習慣，就是無論在公司上班，還是外出、購物、吃飯、付帳，甚至寫信給朋友，只要有簽名的機會，他總會在自己的名字下方寫上標準公司當時的宣傳語——「每桶四美元的標準石油」，時間一長得了個「每桶四美元」的外號，他的真名反倒沒人叫了。

四年後的一天，公司創辦人洛克斐勒無意中聽說了此事，便叫來阿基勃特，邀他共進晚餐，並問他為什麼這麼做。阿基勃特說：「這不是公司的宣傳口號嗎？」洛克斐勒說：「你覺得工作之外的時間裡，還有義務為公司宣傳嗎？」阿基勃特反問道：「為什麼不呢？難道工作之外的時間裡，我就不是這個公司的一員嗎？我多寫一次不就多一個人知道嗎？」

洛克斐勒對阿基勃特的舉動大為讚嘆，開始培養他。又過了五

年，洛克斐勒卸任時，果斷的將董事長的職位交給了阿基勃特，而不是自己的兒子。事實證明，洛克斐勒的決定極其英明，在阿基勃特的率領下，標準石油公司步入了一個新的時代。

財富箴言

能夠把簡單的事情天天做好，就是不簡單。

播下一種思想，收穫一種行為；

播下一種行為，收穫一種習慣；

播下一種習慣，收穫一種性格；

播下一種性格，收穫一種命運。

第三十七課　他們都曾經偏過

1. 你竟然把我的廣告貼在廁所裡

理查是個美國青年，他的史地廣告公司開業只有兩年時間，但業務量卻讓同行頗為嫉妒。但沒辦法，理查往往腦子一轉就是一個點子，點子一實施就是一堆美元。

有一次，理查去一家飯店用餐。餐畢，他對飯店經理提出了一個要求：「經理先生，我發現你們的廁所空蕩蕩的，牆上沒有任何裝飾，我想借用一下，當然我會付相當的費用的。」

經理早就知道他是廣告業的新星，不由驚訝問道：「該不是利用我的廁所來做你的廣告吧！」

「正是。我想在廁所裡張貼廣告海報。不過我會進行適當的藝術處理，這對貴飯店的廁所有益無害。」

「真是異想天開。」儘管飯店經理這麼說，但在廁所裡做廣告，對他有益無害，何樂不為呢？

其實，理查並不是突發奇想，而是經過了長期的觀察。他之前曾經出入過很多飯店、飯店和會議室、展覽廳、候機室等公共場所的廁所，發現裡面的牆壁幾乎千篇一律毫無裝飾。同時，他還發現，包括他自己在內的很多人上廁所時往往無所適從，總希望找點

東西觀賞一下，於是，他便打起了做廁所廣告的主意。

點子雖然不錯，但卻遭到了很多廣告客戶的指責，他們囿於傳統觀念，對理查的做法提出了異議：「廣告應該布置在大雅之堂，諸如報紙、電臺等，你怎麼能把我的廣告貼在廁所裡！」

理查只好耐心跟他們解釋，並說：「廣告宣傳做得好壞是以其效果作為檢驗標準的，並不在於將它們做在什麼地方，這一點，請相信本公司的眼力。」客戶無從辯駁，氣呼呼離去，很多人的心裡都做了「下次再也不和這個傢伙合作了」之類的打算。但沒過多久，他們就帶著大額支票再次找到查理，變指責為讚揚：「貴公司真有眼力，替我們做的廣告，收到了意想不到的效果。」開業第一年，查理的公司就淨賺了 65 萬美元。

財富箴言

想他人之未想，做他人之不做，賺他人之難賺。

規則是人定的，機會是人創的。

2. 為什麼不能「半自動半人工」

「半自動半人工」的生產模式是王先生的發明。

王先生 26 歲時就成了當時最年輕的處長，27 歲開始出任知名電池有限公司總經理。兩年後，他在公司眾人的挽留聲中選擇了離職經商，創建科技有限公司。

當時，王先生所有的資金是從表哥那裡借來的 1200 萬元，但他瞄準的卻是價值幾億元的鎳鎘電池生產線專案，主攻當時價格不斐的手機電池。以區區 1200 萬元資金，想買進一條生產線絕對是不可能完成的任務。而且在很多同行看來，當時的手機電池市場留給王

先生的機會已經不是很多。因為日本當時已經成為了充電電池的超級大國。莫說臺灣人，就是美國人、歐洲人，都做不過日本人。

那麼，王先生豈不是在找死？非也，相反，他找到了反制日本人的法寶，那就是低廉的人力成本。他認為，日本經濟發達，人力成本很高，所以採用自動化流水線生產比較划算。但自動化流水線的投資很大，那麼，何不充分利用人力優勢，採取「半自動、半人工」模式呢？經過調查研究，王先生發現，充分運用中國工人的人力成本遠低於購買成套機器設備的成本。之後，他自行設計了一些非標準化的設備，將生產程式進行改造，分解出來轉由人工作業。事實證明，這種「半自動、半人工」的生產方式雖然有點「土」，看起來不那麼現代化，但品質上面並無影響，而且還形成了明顯的成本優勢——第一條生產線，日產鎳鎘電池 3,000 至 4,000 個，投資只用了五百多萬元。而同期日系廠商的生產線，投資至少要數億元，這樣算來，王先生的生產成本一下子比主要競爭對手日本人的生產成本低出 40% 以上！當時一個鋰離子電池國外賣十美元，王先生的工廠只賣三美元。憑藉價格優勢，迅速在世界市場上崛起，將日本產品打得沒有還手之力，王先生也得以在短短幾年之內累積起巨額財富。

財富箴言

不是沒有實力，而是沒有眼力。

不是沒有機會，而是沒有智慧。

尺有所短，寸有所長。

最大的劣勢是被動，最大的優勢是主動。

第三十八課　他們都曾經逆過

1. 到時候看你們怎麼辦

據《史記》記載，秦朝末年，地處邊疆的督道縣駐紮了很多軍隊，儲備了許多糧草和犒賞將士用的金銀珠寶。但這些軍隊和糧餉全沒派上用場。劉邦攻下咸陽城的消息剛到，地方官和駐軍便四散而逃，縣城一下子進入無政府狀態。老百姓們打開大秦帝國的金庫大肆搶掠，進行國家財富再分配。而與之隔不多遠的糧倉卻無人問津。

道理倒也簡單，糧食既不如珠寶值錢，兵荒馬亂的，人們隨時要逃難，也不好攜帶。唯獨一個姓任的人不這麼認為。他想，人總是要張嘴吃飯的，關鍵時刻，再多的珠寶也不如一斛米值錢。到時候，看你們怎麼辦？於是他和家人在家中挖了許多地窖，把那些無人問津的糧食悉數運回家裡，藏在窖中。

接著，楚漢戰爭爆發，劉邦與項羽在滎陽展開了拉鋸戰，百姓戰死的戰死，逃荒的逃荒，大片土地被拋荒，糧價也越來越貴。待米價漲到每石一萬錢時，任氏適時開倉售米，沒幾天就因為出售地窖的糧食把當地的金銀珠寶收入囊中，成為當地首屈一指的富豪。

財富箴言

人爭我避，人棄我取，人取我予。

2. 現在必須把它拋售完

華爾頓是 20 世紀初美國的一個小老闆。當時，美國遭遇了一場小型經濟危機，很多商店和工廠紛紛倒閉，被迫將自己堆積如山的存貨低價拋售，價錢低到一美元可以買到五十雙襪子。華爾頓意識到，這是一次商機，於是便將自己所有的積蓄用來收購低價貨物。人們看到他的舉動，都笑他傻。華爾頓漠然置之，最後一向信任他的妻子也沉不住氣了，勸他說家裡存些錢不容易，一旦血本無歸，後果不堪設想。

華爾頓安慰妻子說：「放心吧，兩個月後，這些廉價貨物就可以給我們帶來財運。」

妻子稍稍安心，但不久便再次勸他，因為經濟形勢進一步惡化，有些工廠為了穩定物價，甚至不惜把貨物燒掉。華爾頓一如既往安慰妻子，沒有做出任何解釋。

兩個月後，華爾頓的話果真應驗了。美國政府為穩定物價，採取了干預行為，大力支持工商業復甦。但由於很多工廠將貨物焚燒一空，市場上存貨欠缺，物價逐日飛漲。華爾頓立即決定將自己的存貨拋售出去。這時，妻子又來勸他：雖然現在拋售存貨可以賺很多錢，但不必急著出售貨物，因為物價還在不斷上漲，我們為什麼不多賺一點？

華爾頓平靜的說：「親愛的，這你就不懂了。我們現在必須把它拋售完，再拖延一段時間，就會後悔莫及。」果然，華爾頓的存貨

剛剛售完，物價便跌了下來。因為當地工商業已經利用這段時間恢復了元氣。

財富箴言

盛極必衰，物極必反。

所有人都衝進去的時候趕緊出來，所有人都不玩了再衝進去。

3. 這麼不景氣，你還想投機

美國南北戰爭爆發前，時局動盪不安，各種令人焦慮的消息不斷傳來，戰爭陰影籠罩著美國大地。人人都在忙著安排家庭和財產。只有洛克斐勒不為所動，他全部的精力都用在了如何利用這場戰爭發家致富上。

戰爭爆發，食物和資源必然缺乏，交通也會中斷，那樣商品價格必然急劇波動。這不就是一座金光燦爛的黃金屋嗎？走進去必然滿載而歸。一天中午，洛克斐勒終於窺透了其中的奧祕。但洛克斐勒有心無力，當時他僅擁有一個全部資金不過四千美元的經紀公司，其中一半資金還屬於合作夥伴英國人克拉克。

「機會千載難逢，一定要說服他。」想到這裡，洛克斐勒立即回到自己的辦公室，對克拉克說：「南北戰爭就要爆發了，美國就要分成南北兩派打起來了。」

「打起來？打起來又怎麼樣呢？」克拉克才不關心美國人的命運呢。

「打起來會讓我們發大財！」洛克斐勒胸有成竹的決定：「我們要向銀行多借一些錢，要購進南方的棉花、密西根的鐵礦、賓州的煤，還有鹽、火腿、穀物……」

「你瘋了，現在這麼不景氣！可你居然還想投機。」克拉克驚詫無比的搖頭，攤出雙手，擺出一副你願意投資你就投資，反正我不投的樣子。

「我沒瘋，是你笨蛋。」洛克斐勒丟下一句嘲笑，轉身去尋找其他投資人去了。最終，他在沒有任何抵押的情況下，用一個構想打動了一家銀行的總裁，籌到了一筆在當時堪稱巨額的資金。結果正如洛克斐勒所想的那樣，他剛把貨物儲備齊，南北戰爭就爆發了，農產品的價格迅速躥升了好幾倍，洛克斐勒適時出手，收回大把的美鈔。至南北戰爭結束，洛克斐勒已不再是以前那個小小的經紀人，而是腰纏萬貫的富翁，並開始進軍石油工業。

財富箴言

大街上血流成河的時候，恰恰是最好的投資時機。

第三十九課　他們都曾經順過

1. 天上又要下大錢囉

　　1953 年，許先生出生於一個農夫家庭，因家境貧寒，住宅擁擠，兄弟三人甚至不得不睡在祠堂或豬圈裡。很小的時候，許先生就懂得在各村中賣雞蛋賺錢，十幾歲時，他用腳踏車賣過菜，拉過客，用牛車、驢車拉過石頭，後來又換上了馬車、曳引機和二手汽車，最終，他存了一定的積蓄，於 1979 年開了一家服裝工廠。

　　在經營服裝工廠的過程中，許先生冷靜的意識到，儘管自己做服裝賺了些錢，但自己對服裝的審美能力很遲鈍，在這一行繼續發展，一定沒有競爭優勢。於是，他開始尋找新的機會。1984 年冬天，一個楊姓的技術員送來了機會。他手持一疊來自香港的衛生棉設備說明書，敲開了許先生辦公室的門。他聽完介紹，幾乎當場驚叫起來：天上又要下大錢囉！

　　楊先生走後，許先生茶飯不思，澈夜未眠。是繼續經營如日中天的服裝廠，還是轉產生產前景無限的衛生棉呢？最終，許連捷選擇了後者。然而，當時的中不管是消費觀念，還是消費水準，都不是一般的落後。剛開始銷售衛生棉時，買得起的人不僅少，而且還很害羞，更多的人則是把購、銷衛生棉看做異類。有人甚至嘲笑他

說，服裝工廠不好好開，去做令人難以啟齒的衛生棉，哪根神經出了毛病！

　　但許先生堅信，只要富有，人們的消費觀念就會發生變化，廣大婦女絕不會放著好產品不用！想賺大錢，必須拿出魄力來，先人一步並堅持下去。果然，不到兩年時間，訂單雪片般飛來，訂貨的客商排隊等著，迅速發展成為最大的衛生棉生產企業。

財富箴言

唯一的不變就是變，最大的危險是一成不變。

2. 把 4 ＋ 4 變成 4±2 就行了

　　美國舊金山有一座世界聞名的大橋 —— 金門大橋。它聞名世界靠的不是雄偉壯麗，它靠的是死亡率。據說，走在金門大橋上，有自殺傾向的人會產生強烈的投海欲望。幾十年來，已經有一千兩百多人從橋上縱身躍下，死在海面上。所有自殺者的內臟都被強大的衝擊力震得粉碎，讓人不由聯想起《鹿鼎記》中海公公的化骨綿掌。

　　但這與賺錢無關，與之有關的是金門大橋的地理位置。它連接北加利福尼亞與舊金山半島，每天大約有十萬人跨橋往來，每到上下班高峰時段，大橋上總是堵得水泄不通。當地政府苦無良策，最終決定懸賞一千萬美元向全社會徵集解決方案。

　　一千萬美元！誰不想要？一時間群情振奮，人們做夢都在思考解決方案。但是最終只有一個年輕人的解決方案得到了當地政府的認可。而這個方案是如此的簡單：把 4 ＋ 4 變成 4±2 就行了！原來，這個年輕人發現，金門大橋的車道設計為傳統的「4 ＋ 4」模式，也即往返車道都是 4 條。這種設計本無可厚非，但是年輕人同時發

現，每天上午，開往舊金山方向的車道都會非常擁擠，而開往北加利福尼亞的車道上卻沒幾輛車。到了下午，開往北加利福尼亞的車道上又會變得非常擁擠，同時開往舊金山方向的車道則變得非常暢通。很顯然，跨橋往來的大部分人都是住在北加利福尼亞，卻在舊金山上班。這麼多人同時進城出城，自然會造成相應的車道擁堵。與此同時，另一側車道卻在大大的閒置。所以，年輕人建議政府利用人們出行的時間差，把另一側閒置的車道盡量利用起來，也即在早晨將「4 + 4」車道改成「6 + 2」車道，開往舊金山方向的車道為六條，相反方向為兩條。下午則相反，開往北加利福亞的車道為六條，相反方向為兩條。經過試行，這一方案效果非常顯著，堵車問題迎刃而解，年輕人則抱得大獎歸。

財富箴言

思路不變原地轉，思路一變天地寬。

順應現在不如順應未來，順應市場不如順應顧客，

順應自我不如順應自然。

第四十課　他們都曾經傻過

1. 那你為什麼只撿五分硬幣呢

　　多年前，美國一個小鎮上有一個名叫威廉的小孩。由於家裡貧困，小威廉身上穿得很不整齊，有時候還帶著鼻涕，看上去他傻乎乎的，因此小鎮上的大人們常逗他玩。

　　一天，幾個大人把小威廉圍在街角，拿他開心：「喂！傻威廉，這裡有兩個硬幣，你只能拿一個，你到底要哪一個？」說著，大人們掏出一枚五分和一枚一角的硬幣，扔到威廉面前。

　　年幼的威廉瞪大眼睛，朝大人們看看，見他們並無惡意，就壯著膽子撿了一枚五分的。這下，大人們真的覺得他傻了 —— 連五分和一角哪個大都不知道！此後，他們就經常和小威廉開這樣的玩笑，而小威廉每次都是撿那枚五分的。

　　這天，大人們再次跟威廉開起了玩笑。一旁有個善良的老太太看不過去，等大人們走後，她便問小威廉：「孩子，你為什麼不撿一角的呢？你不知道一枚一角的值兩枚五分嗎？真是個傻孩子！」

　　「我才不傻呢！」小威廉咧著小嘴說：「我怎麼會不知道一枚一角值兩枚五分呢？我還知道兩枚一角值四枚五分，三枚一角值六枚五分呢。」

184

「那你為什麼只撿五分硬幣呢？」

「我拿了那枚一角的，他們以後還會有興趣經常扔錢給我嗎？」

這位聰明的小孩子，就是日後的美國第九任總統 —— 威廉‧亨利‧哈里森。

財富箴言

大勇若怯，大智若愚。難得糊塗，慧極必傷。

很多人傻，是在裝傻；很多人傻，卻不自知。

2. 請把我遷到更遠的地方

《史記》中記載了這樣一個故事：

秦始皇在統一六國的過程中，為防止已滅亡的六國王室「春風吹又生」，索性來了個強制性的大搬遷，每滅一國，必將該國的富庶大家連根拔起，遷至西部，便於監視。

西元前 228 年，秦國滅掉了趙國。不久，部分以大富商大地主為代表的趙國人民就踏上了前往西部的旅程。當時可不像現在這麼交通發達，至少有上千里的路程，人們只能一步步用腳丈量。能不能少走點路呢？能。等一行人走至今四川廣元的葭萌關時，有人開始賄賂押解他們的秦軍，希望各位「軍爺」行行好，就讓他們在此安家。這些秦軍「拿人錢財與人消災」，當即應允。於是，西行的趙國人大部分在這裡停頓了下來。但是也有例外的，比如有一對卓氏夫婦，他們也像別人一樣，行賄秦軍，但他們卻對秦軍提出了一個不近人情的要求：請允許我遷到更遠的臨邛去。這種行為立即被同行者鑑定為「二」，蜀道豈是那麼好走的，好幾百里山路，還推著行李，想想都覺得腳疼！而且沒有意義啊！去那裡做什麼？但不管

怎麼說，秦軍答應了這個請求。於是這對夫婦繼續上路，又向南走了數百里，最終抵達了臨邛。臨邛有什麼？有鐵礦。卓氏夫婦有什麼？有冶鐵技術。鐵礦碰上冶鐵技術，那就是金山。卓氏在臨邛以廉價食物招募貧民開採鐵礦，冶煉生鐵，鑄造工具，不僅供應當地民眾生產生活所需，還遠銷周邊地區。短短數年，卓氏就成為了巨富，擁有家童千人。後來，卓家的後人還為文化事業做出了突出的貢獻，歷史上大名鼎鼎的「當壚賣酒」的卓文君，就是卓氏後人卓王孫的女兒。

財富箴言

財富總在別人不願意去的地方。

有一種智慧叫做「二」。

3. 為世界和平略盡綿力

幾十年前，在世界反法西斯戰爭的勝利凱歌中，以美國總統羅斯福為首的幾個戰勝國領導人幾經磋商，決定在美國紐約成立一個協調處理世界事務的機構 —— 聯合國。消息傳出，美國著名財團洛克斐勒家族立即召開了家族會議，並在最短時間內出資 870 萬美元，在紐約買下了一塊地皮，然後在各大媒體發出公告：我們願意為世界的和平略盡綿力，將這塊地皮無償捐贈給聯合國。與此同時，洛克斐勒家族還斥鉅資，在這塊地皮周圍，買下了更多的地皮。

剛剛掛牌成立、資金非常短缺的聯合國沒有理由拒絕洛克斐勒家族的善意，許多大財閥則不失時機的嘲笑洛克斐勒家族是故作大方，沽名釣譽，甚至認為這是「蠢人之舉」。出人意料的是，聯合國

大廈剛剛竣工，與之毗鄰的地皮便開始迅速升值。洛克斐勒財團瞅準時機，或是轉手，或是自行投資，很短時間內就賺取了數億美元的財富。

財富箴言

免費是最有價值的商業模式。

一個人是精明，還是傻瓜，要看結果說話。

第四十一課　他們都曾經迂過

1. 我實在是不敢賣啊

　　二十多年前，一個普通的美國家庭主婦凱薩琳在加州開了一家麵包公司。開業伊始，她就為自己訂下了「以誠取信」的原則，並時時處處一絲不苟的執行。

　　為了吸引並取信消費者，凱薩琳在包裝上特別注明了麵包的烘製日期，宣稱絕不賣超過三天的麵包，保證每一個麵包都是「最新鮮的食品」。為此，公司還專門配備了好幾輛專門用來回收過期麵包的「回收車」。

　　有一年秋天，一場大水導致加州糧食緊缺，麵包熱賣。但凱薩琳依然堅持自己的原則，每天照常派人回收「過期」麵包。

　　這天，一輛回收車拉著一整車從幾家偏遠的商店回收來的「過期麵包」回公司，不料在返程途中被一群飢民截住了，他們一擁而上，一定要買麵包充飢。運貨的司機礙於公司規定，說什麼也不肯賣，飢民們一邊指責司機不近人情，一邊把車子團團圍住，有些人甚至咒罵起來，準備動手開搶。

　　關鍵時刻，剛好有幾個記者路過，了解了事情的經過後，記者們也覺得司機太死板，勸他說：「現在是非常時期，你就把這車麵包

賣了吧，總不能讓人們餓著吧！」

司機哭喪著臉說：「不是我不肯賣，我實在是不敢賣啊！我們老闆規定太嚴格，如果把過期麵包賣給他們，我的飯碗就砸了！」

「難道你就不能變通一下嗎？」記者們也生氣了。人們吼叫著，再次圍了上來。

變通一下？有了！司機急中生智，他一臉神祕的湊到一個記者的耳邊說道：「賣，我是說什麼也不敢賣；不過，如果他們強行上車去拿的話，不就沒我的責任了嗎？讓他們把麵包拿走，憑良心丟下幾個錢表示一下就行了。」

記者把司機的意思婉轉說出來，大家恍然大悟，一會兒麵包就被強買一空。那位聰明的司機還讓記者幫忙拍了幾張他假意阻攔人們強買麵包的照片，以便回去向老闆交代，並且叮囑記者們，千萬不能把這件事的底細披露出去，否則自己的飯碗就難保了。

但是第二天，這幾位記者就把這件事在報紙上登了出來，並著力渲染，成了轟動一時的新聞。透過記者的筆墨，凱薩琳公司「一誠不變」的經營原則給消費者留下無比深刻的印象，一時間，凱薩琳麵包公司聲譽陡增，麵包供不應求，不到半年營業額便狂增五倍，凱薩琳一舉成為了響噹噹的「麵包女皇」。

財富箴言

最好的獎盃是口碑，最好的獎品是眾講。

2. 把這些冰箱全部砸掉

1984 年，34 歲的張先生入主某電冰箱工廠。在他之前，短短一年時間就走馬燈似的被氣走了三位廠長。說起當時的情況，張先

生打個比方：「規定早上八點上班，可是十點半你往工廠裡扔個手榴彈，也炸不死人。」

　　初步了解情況後，張先生頒布了十三條規定，從禁止隨地大小便開始，揭開了現代管理之路。

　　無疑，對企業來說，最重要的是產品品質問題。1985 年的一天，一位朋友要買一臺冰箱，結果挑了很多臺都有毛病，最後只好勉強買了一臺。朋友一走，張先生派人把倉庫裡的 400 多臺冰箱全部檢查了一遍，發現共有 76 臺存在這樣那樣的缺陷。張先生把大家叫到辦公室，問大家怎麼辦？多數人提出，都是些小毛病，不影響使用，不如便宜點賣給員工算了。張先生說：「如果我允許把這 76 臺冰箱賣了，就是允許你們明天再生產 760 臺這樣的冰箱。」他宣布，這些冰箱要全部砸掉，誰製造的就誰砸，並提起大錘砸了第一錘！當時一臺冰箱的價格相當於一名員工兩年的收入。很多員工砸冰箱時都流下了眼淚。接下來，張先生又召開了一個多月的會議，主題只有一個：「如何從我做起，提高產品品質」。三年後，該企業拿到冰箱行業的第一塊品質金獎。

財富箴言

人品決定產品，產品決定品牌。

有缺陷的產品等於報廢品。賣商譽，而不是賣產品。

3. 誰再出產次級品，就砸誰的飯碗

　　1980 年夏天，有客戶來信說，魯先生賣給他們的產品有部分出現了裂紋。魯先生立即找來科長，對他說：「我們工廠的商譽最重要，你馬上把合格產品連夜送去，換回不合格次級品。」科長走後，

魯先生想到：那些已經賣出去的貨，其他地方是否也會有類似的情況呢？品質是企業的生命、企業的商譽，不能有絲毫馬虎。於是，他立即招集了幾十人，跑遍全國各地，走訪用戶，凡有不合格的產品，不管是本身品質問題，還是用戶保管不善、運輸途中造成的損壞，統統帶回來，免費掉換新的合格產品。這一趟，就帶回來了三萬多件產品。

魯先生把報廢品堆在工廠空地中間，將所有員工召集來開會，讓大家對次級品查找原因。找好原因以後，他帶頭把這些次級品裝進麻袋，然後臭著臉背起麻袋，朝鎮上的報廢品回收站走去。這三萬多件產品被當做六分錢一斤的廢鐵全部賣掉，工廠因此損失兩百多萬元。工人們心痛了：「魯先生，這些產品再維修總可以用吧。」也有人發牢騷：「這幾十萬塊錢，我們幾百年也賺不了那麼多呀！你太大方了。」魯先生鐵青著臉說：「生產出這樣的次級品不僅是對產品商譽的損害，更是犯罪。一間公司的商譽是最重要的。今後誰再出產次級品，就罰款，就砸飯碗。」這樣一來，工人們再不敢對產品有絲毫馬虎了。

財富箴言

想贏個三五年，有點智商就行；
想做個百年老店，沒有品德商譽絕對不行。

4. 不缺錢！缺的是信任

1996 年的一天，因為疏忽，公司的一位員工誤將一雙待修的皮鞋裝箱入庫。檢驗員發現後，立即報告總裁王先生，他立即嚴令拆包逐雙檢查，絕不讓有瑕疵的鞋混包出廠。後來，檢查後發現這雙

鞋已運往其他城市，聞訊後，王先生又馬上指示發電報，指令有關人員將這雙鞋追回。直到他親眼見到這雙鞋，確認無誤後，才鬆了一口氣。

事後有人認為：為了這麼一雙鞋如此興師動眾有些小題大做，但王先生說：「一雙鞋是小事，但如果造成惡劣影響的話，那就是關係到企業生死存亡的大事了，因此我們絕不能含糊！」

2000 年的一天，該公司為某著名企業生產了一批皮鞋。因其中一部分商標貼得不合規範，在抽檢時，不少人認為這點小毛病沒關係。王先生得知後，毫不猶豫的拿起剪刀，將一百八十多雙高檔皮鞋全部剪毀，並陳列在公司內，讓全體員工排隊參觀，不少工人都掉了眼淚。但王先生說：「剪掉鞋子，損失的只是幾個錢，但公司不缺錢，對於我們來說，最值錢的是消費者的信任，是我們這個品牌。」

財富箴言

欺騙消費者就是欺騙自己。

不怕起點低，就怕境界低。

第四十二課　他們都曾經賠過

1. 賺 10 萬元不如賠 25 萬元，賠 25 萬元不如賠 40 萬元

　　某年，嚴先生辭去老師職務，跳進了商海。此後，經過十年的努力和累積，他終於開了自己的公司。但公司經營一年有餘，業績始終平淡無奇。這讓他意識到，開公司不能光靠勤勞，還必須有獨到的眼光！

　　當時，全國各地都在興建高速公路。經過分析，嚴先生認定，參與其中一定會大有作為，便不斷奔波，四處找建案。歷盡千辛萬苦，透過關係找門路，他終於拿到了一張 150 萬元的訂單：修建三個涵洞，工期 140 天。

　　但手下的員工們卻高興不起來，因為工程到嚴先生手上已經是第五手了，僅管理費就高達 36%，做完這個工程，不但賺不到錢，還得賠上 25 萬元。幾個手下很著急，經過研究，獻計道：「這個工程也不是絕對得賠，如果能夠巧妙的偷工減料，勉強還能賺兩萬！」

　　嚴先生當即把臉一沉，說：「絕不能這樣賺兩萬塊錢！與其偷工

減料賺 10 萬元，不如正常施工，賠上 25 萬元；而賠上 25 萬元，不如以最快的速度、最優的品質、最大的成本去修好這三個涵洞，賠上 40 萬元！」

「你這不是自掘墳墓嗎？」

「我們現在要做的並不是賺錢，而是打造誠信！今天的誠信，就是明天的市場！」說完，嚴先生再次強調：「一切按我說的進行，絕不能改！」

手下們雖然不太懂，但還是嚴格執行了老闆的方案。只用了 120 天，涵洞就修好了。而且在工程指揮部和總承包商眼裡，涵洞盡善盡美，無可挑剔。他們當即對嚴先生另眼相看，並將這條高速公路上所有的配套工程都承包給了他。待高速公路修完，公司淨賺了 4,000 萬元。

財富箴言

賺兩萬是小腦筋，賠八萬是大智慧！

2. 要不你先做五顆讓我們瞧瞧

企業家程先生是珠寶圈裡的重量級人物，他手裡握有皮爾卡登珠寶和夢特嬌珠寶兩大世界著名珠寶品牌的總代理權，他的珠寶公司也是業界響噹噹的品牌，在某些地區，其銷售量一度曾經超過了百年老店。鮮為人知的是，這個腰纏萬貫、日進斗金的珠寶大王，一開始卻是靠兩個手提袋的鈕釦起家。

早在 1976 年，16 歲的程先生便隻身一人到大城市推銷鈕釦，半個月時間，他賣掉了兩個手提袋的鈕釦，賺了幾百元，還帶回了幾張小訂單。此後，他便來回穿梭在各大城市，出入於各地的百貨

大樓,專門為他們供應鈕釦、塑膠編織品等小物件。

1982 年,22 歲的程先生已經賺到了一筆非常可觀的財富。這一年,他輾轉打聽到某集團有限公司的外貿企業願做鈕釦生意,便拐彎抹角找上門去。對方老闆性格直爽,也有點大大咧咧:「行啊,不然你先做五顆讓我們看看?」只做五顆鈕釦,這擺明是一樁虧本買賣,但程先生爽快的簽下了訂單。回去後,他立即花 25,000 元做了鈕釦模子,然後讓工人認認真真的做好五顆鈕釦,並迅速將它們親手送至買方公司。對方也不含糊,當即以每顆三塊錢的價格買下了這五顆鈕釦。接著,買方公司交給程先生一項新任務:用十種不同的顏色做一千顆鈕釦,每種顏色各一百顆。程先生一盤算,還是一樁虧本生意,因為一種顏色的鈕釦如果只做一百顆,至少要浪費五千克價值五千元的顏料,做一千顆,就要浪費五萬元!豁出去了,程先生花了五萬多元,圓滿完成了訂單。買方公司一方面有些吃驚,也很佩服:「這個人,真厲害!」程先生終於「鑽」進了對方的大門。1996 年,買方公司給了他一筆一億顆鈕釦的訂單。程先生不僅贏得了 2500 萬元的利潤,而且藉此一舉占領了當地鈕釦市場。

財富箴言

要賠得起小錢,要經得住考驗。

3. 你們總得讓我賺點吧

日本繩索大王島村芳雄發跡前是一家包裝公司的小職員,月薪十二萬日圓,日子過得很緊。有一次,島村在街上散步時,無意中發現很多人手中都提著一個精美的紙袋。原來,這種紙袋是商家在顧客購物時免費贈送的,既實用又方便,因此很受歡迎。

第四十二課　他們都曾經賠過

　　後來島村發現，提這種紙袋的人越來越多。他敏感的意識到，紙袋這種東西一定很有發展前途。為了證明自己的想法，島村還設法參觀了一家紙袋加工廠，加工廠忙碌的場面讓他怦然心動。他想：紙袋的使用壽命很短，如果風行的話，需求量又多，需求時間也長，那麼用來製造紙袋的繩索的需求量一定也會大增。想到這裡，島村下定決心，準備辭職好好闖一番。

　　首先是解決資金問題。經過多達六十九次的不懈努力，島村終於從一家銀行貸到了一百萬日圓，一心經營麻繩。那麼如何才能在競爭激烈的購物中心上站穩腳跟呢？經過周密考慮，島村自創了一套匪夷所思的「原價銷售法」。

　　第一步，島村在麻繩原產地大量採購麻繩，然後按原價賣給東京一帶的紙袋工廠。這樣一來，島村分文不賺不說，還賠上了運費、時間和精力，而且一賠就是一年時間。好在時間一長，他的「投資」換來了回報，人們都知道島村的繩索「確實便宜」。一傳十、十傳百，四面八方的訂單像雪片般飛向島村。

　　終於盼到了這一天！穩定住最後一批顧客，島村採取了第二步行動。他先是拿著厚厚的訂單和一年來的售貨發票收據，對繩索生產商說：「到目前為止，我是一分錢也沒賺你們的。長此以往，我只能破產。我為你們投入了這麼多時間和精力，拉來了這麼多客戶，你們多少也得讓我賺點吧！」為了穩住島村這個大客戶，廠商們當即表示，願意把每條繩索的價格降低五分錢。

　　接著，他又拿著購買繩索的收據前去和客戶們訴說：「他們賣給我的繩索，我都是原價賣給你們的，如果再不讓我賺點錢，我是堅持不下去了。」大家看到收據，吃驚之餘都覺得不能讓島村太吃虧，再說這麼好的服務到哪去找？於是，大家爽快的把每條繩索的售價

提高了五分錢。如此一來，島村每條繩索就賺到了一角錢。

　　日圓比新臺幣小的多，但是別忘了，當時的島村每天至少能銷售一千萬條繩索，其利潤就是相當可觀的日進一百萬日圓！後來，島村的銷售量節節攀升，最高時曾突破一日五千萬條，利潤更加可觀。

財富箴言

賠本＝培養。

第四十三課　他們都曾經還過

1. 商譽的債務，我一定要還

　　19 世紀初，歐洲人紛紛移民美國，他們遠不像今天的美國人那樣提前消費，寅吃卯糧，而是非常注重節儉，盡量把每一分錢都儲存起來。美國人佛蘭普科斯‧羅迪從中看到了商機，他成立了一家小銀行，專門吸收移民們的小額存款。

　　1915 年耶誕節前夕的一天，不幸降臨到羅迪身上。那天中午，銀行的出納都去吃午餐了，屋子裡只剩羅迪一人，突然，三個蒙面歹徒衝進來，把他關在廁所裡，然後將銀行裡的 2.2 萬美元洗劫一空。儲戶們聽說後，都瘋了似的趕來提款。羅迪想盡辦法，最後仍然無法償還 250 名儲戶被劫走的 1.8 萬美元，只好宣告破產。

　　儲戶們恨死了羅迪，連他家中的地毯都沒剩下。一位銀行家安慰羅迪說：「銀行遭遇搶劫，屬於人禍，你已宣布破產，就沒任何責任了。剩下的欠款也不用還了。」

　　羅迪卻搖搖頭說：「法律上也許是這樣的。不過這是商譽上的債務，我一定要歸還。」

　　為了早點還清債務，羅迪白天做屠夫殺豬，晚上做鞋匠補鞋，並讓孩子們上街賣報，替人搬運貨物，一分一毫的存錢。不久，羅

迪便存下了幾百美元。這時，他聽說有一位儲戶患了重病，生活困頓，他立即便把那位儲戶以前存在銀行裡的 177 美元送至儲戶手中。此後，只要積存起一筆錢，羅迪便立即還給那些困難的儲戶。有些儲戶搬了家，有的儲戶甚至忘記了存款的事，羅迪便在報紙上刊登廣告，尋找他們，然後一筆一筆償還。

至 1946 年耶誕節前夕，也就是銀行被搶劫整整三十一年後，羅迪總算還清了欠 250 位儲戶的 1.8 萬美元。這時，他準備重操舊業，便向過去所有的儲戶或他們的孩子寄去賀卡，上面寫道：「我，佛蘭普科斯・羅迪，曾經經營過一家儲蓄銀行。1915 年耶誕節前，它被歹徒洗劫，被迫停業，但當時我曾向各位保證，日後必將存款歸還。經過多年的奮鬥，我們兌現了諾言，已經還清了所有的存款和利息。我們倍感欣慰，歡迎你們再次到羅迪銀行來存款，祝大家聖誕快樂！」

不久，那些散居美國各地的老儲戶們紛紛來到紐約恭喜羅迪銀行重新開業，同時再次把錢存到羅迪銀行裡，很多人還把自己的親戚和朋友也介紹來存款。事情傳開以後，又經各大報紙深入挖掘報導，很多人感動之餘，紛紛把錢存進羅迪銀行，羅迪銀行迅速壯大，在美國銀行業中占據了一席之地。

財富箴言

你若失去了財產，你只失去了一點；
你若失去商譽，你就失去了所有。

2. 商譽比金錢更重要

約瑟夫‧摩根是摩根家族的創始人，他先後經營過農莊、咖啡館、旅館，還參與過汽船業和鐵路業。西元 1835 年，約瑟夫進入保險業，成為一家名為「伊特納火險」的小保險公司的股東。不幸的是，沒過多久，一場火災便從天而降，瞬間將約瑟夫穩穩撈上一筆的想法燒成了灰燼。

萬幸的是，當時的保險業還不健全，因此約瑟夫入股「伊特納火險」時，並沒有當即投入現金，而只是在股東名冊上簽上了自己的名字。也就是說，如果約瑟夫撕掉臉皮耍賴的話，火災再大跟他也沒什麼關係。事實上，很多與約瑟夫一起入股「伊特納火險」的股東就是這麼做的。

但約瑟夫沒有那麼做。他認為，商譽比金錢更重要，他四處籌款，甚至賣掉自己的住房，低價收購了所有要求退股的股東的股權，然後將賠償金如數付給了投保的客戶。

賠償完最後一位投保者，約瑟夫成了「伊特納火險」的擁有者，但他已囊空如洗，剛剛到手的「伊特納火險」又開始面臨破產的危機。無奈之下，約瑟夫決定放手一搏，他打出廣告，將「伊特納火險」的保險費漲價一倍。沒想到高額的保險費根本嚇不倒人們，大家蜂擁而至，絡繹不絕。因為人們已經認定「伊特納火險」是最講商譽的保險公司，比許多有名的大保險公司還講信用，結果約瑟夫迅速扭虧為盈，當年就淨賺 15 萬美元，為摩根家族此後主宰華爾街打下了良好的開端。

財富箴言

商譽是企業家的身分證。

3. 那樣我絕不會有今天

1986 年，二十歲出頭的王先生往返於城市之間做小生意。一次，他帶著一個裝有一萬元現金和一些衣物的皮包去做生意。途中，一位老人坐進了車，搭他們的便車去其他城市。

到達目的地已是晚上，道別之後，王先生住進了一家旅社。夜裡，他打開自己的包一看，一下子驚呆了：裡面竟有厚厚的一疊錢，一數，居然有整整五十萬元！王先生明白了：這一定是那位搭便車的老人拿錯包了！儘管當時的王先生從沒見過這麼多錢，但他二話不說，馬上拉著司機去找那位老人。

地方那麼大，怎麼找呢？王先生採取了最笨的一種辦法：和司機一起，各旅館一家一家問。最後，當叫天天不應、叫地地不靈的老人看到王先生拿著自己的皮包站在他眼前時，頓時激動得說不出話來，他當即拿出五千元表示送給王先生。他卻說：「我如果想要你的錢，就不會來找你了！我只想取回屬於我自己的一萬元。」

後來，事業有成的王先生提到這件事時，他總是說：「對於我來說，當時的五十萬元比現在的五十億更具有吸引力。但如果我當時拿了這五十萬元，自己良心不安不說，很可能還會抱著這五十萬元去逍遙度日，也不會想到去創業了，那樣我也不會有今天！」

財富箴言

貧窮是財富的源頭，人品是成功的起點。

4. 年輕人，你跟我們合作吧

　　某知名房地產的總裁鍾先生的成功與菸廠有著千絲萬縷的關聯。

　　鍾先生原本是鄉下一個小公司的員工，主要負責該公司的菸草業務。有一次，他去菸廠提貨，回來後發現該廠的倉管居然多「給」了十幾箱香菸，價值十幾萬元，這在三十幾年前可是普通人想都不敢想的鉅款。如果是別人，至少有一萬個理由將這些菸占為己有，鍾先生沒有這麼做，他第一時間通知了該廠主管，並詢問對方：「這些菸是寄還好呢，還是賣了還錢好呢？」對方說賣了還錢方便點，如果方便的話乾脆幫我們買點海鮮貨品，到時發給員工一點福利。鍾先生二話不說就答應了，並在短期內親自押送著海鮮貨品送至菸廠。菸廠主管非常感動，當即勸鍾先生開個公司。他聽得不太明白，便問開公司經營什麼？對方笑著點醒他：「真笨，你開個公司，跟我們做生意啊！我是有意照顧一下你這個誠實、熱心的年輕人。」

　　於是乎，鍾先生的好運開始了。公司成立不久，菸廠表示需要幾部進口的小車，當時只有少數幾個城市可以進口，所以菸廠便問鍾先生有沒有這樣的門路。鍾先生當即應允了下來。沒有資金，他就透過關係貸了 500 萬元，花了 350 幾萬元，購進四部 TOYATA 小轎車，並以 250 萬元的價格賣給了菸廠。菸廠主管一了解，發現鍾先生賣便宜給他們了，便專門撥了一批菸賣給鍾先生，這樣，鍾先生非但沒虧，反而賺了幾百萬元。

　　有一年，大雨不斷，土地肥料流失嚴重，菸葉急需追肥，但肥料不足，了解到這一情況後，鍾先生主動提出為菸廠購買肥料，以

保證菸農的燃眉之急。對方欣然答應，千恩萬謝。經過四處奔波，高價收購，他迅速採購了一萬噸肥料，並以便宜價格賣給了菸廠。菸廠主管了解情況後，又額外多賣了一批計畫外生產的菸草給鍾先生，他又狠狠大賺一筆。

還有一次，菸葉歉收，菸廠面臨原材料不足的危機。菸廠主管第一時間想到了鍾先生，問其有沒有管道買到菸葉。當時有不少南洋菸葉進口，鍾先生立即帶著樣品去了菸廠。經過試驗，發現該菸葉可以替代當地菸葉，於是菸廠要求鍾先生為其購買原材料。他爽快答應了。當時南洋菸葉的價格是一斤 15 元多，但由於需求量很大，所以菸價越抬越高，最後竟高達一斤 60 元，但鍾先生最終還是以 15 元的價格賣給了菸廠。菸廠主管得知後，又賣了一大批菸給他，讓他想賠都賠不了。

經過這幾次事件，鍾先生的為人處世開始為菸廠上上下下所信服，得到了菸廠主管的高度認可。此後十多年，菸廠數次將大批計畫外生產的菸賣給他，讓他賺到了外人無法想像的利潤，為其完成原始累積，日後建立房地產帝國打下了堅實的基礎。

財富箴言

商譽是商人的最大資本，也是商人的唯一原則。

第四十四課　他們都曾經捨過

1. 誰也不許收麥子

　　春秋時期，孔子的弟子宓子賤在魯國單父縣做官。當時齊魯交惡，而單父縣是齊軍攻打魯國的必經之路。

　　一年夏天，齊國再次仗著國力強大攻打魯國，離單父縣只剩了幾十里。當時田裡的麥子已經成熟了，人們都盼望著早日把麥子收回家中，以免被擅長以戰養戰的齊軍搶割。於是，一些老年人去向宓子賤請求道：「宓大人，麥子已經熟了，為了搶時間，請允許村民們任意去收割，這樣既可以增加村民的存糧，又不至於將糧食留給敵人。」這話本在理，誰知他們多次請求，宓子賤就是不同意，並且明令：誰也不許收麥子！

　　結果沒過多久，齊軍就打過來了，齊將一下令，田裡的麥子就全部變成了齊軍的給養。齊軍退去後，有人把這件事報告魯國的執政官季孫氏，季孫氏聽說後很是氣憤，派人前去質問宓子賤，為什麼這麼糊塗，而且執迷不悟？

　　面對來使，宓子賤皺著眉頭，憂慮的說：「唉，大人您哪知微臣的苦心哪！今年沒有收穫，來年可以再種。但是，如果放任眾人搶收，讓不耕而獲者得逞，那麼，老百姓就會很高興敵人來犯。這

樣，每到收成季節，他們就會盼著齊軍來犯，有人就會裡通齊國。再說了，單父這個小地方一年有沒有收成，並不會對魯國的國力有什麼影響。可如果使老百姓心中有了僥倖的心理，那麼，所造成的世風敗壞，那可是幾代人都難以恢復的啊！」來使將宓子賤的話轉告給季孫氏，季孫氏方才明白宓子賤的良苦用心，他十分愧疚的說：「哎呀，我真是冤枉了宓子賤。我真想找個地縫鑽進去，今後哪裡還有臉面去見他呢？」

財富箴言

捨不得孩子套不住狼，捨不得小利吃大虧。

捨棄是大勇，更是大智。

2. 開公司就好比燒開水

某知名企業董事長南先生講過一個故事：

一位落魄的青年，滿懷憂鬱的找到一位隱居的智者，訴說自己畢業多年，做過很多事情，但幾年下來，依然一事無成。智者微笑著聽他說完，然後指著牆角一把特大號的水壺對他說：「你能不能先幫我燒壺開水？」

「沒問題。」青年略一打量，見水壺旁邊有一個小火灶，唯獨沒有柴，便出門去找。

不一會兒，青年拾了一些枯枝回來，他裝滿一壺水，放在灶臺上，在灶內放了一些柴便點火燒了起來，可是由於壺很大，水太多，那些柴燒盡了，水也沒開。於是他再次跑出去繼續找柴，回來的時候那壺水已經涼得差不多了。這回他學聰明了，沒有急於點火，而是再次出去找了些柴，由於柴準備得充足，水不一會兒就

燒開了。

「如果沒有足夠的柴，你該怎樣把水燒開？」智者忽然問他。

青年想了一會，搖了搖頭。

智者說：「如果那樣，就把水壺裡的水倒掉一點！」

青年若有所思的點了點頭。

智者接著說：「你一開始躊躇滿志，樹立了太多的目標，就像這個大水壺裝了太多水一樣，而你又沒有足夠的柴，所以不能把水燒開。要想把水燒開，你或者倒出一點水，或者先去準備柴！」

青年恍然大悟。回去後，他把自己的人生目標去掉了許多，同時利用業餘時間學習各種專業知識。幾年後，他的目標基本上都實現了。

最後，南先生總結道：「開公司就好比燒開水，你把這壺水燒到九十九度，只差一度就開了，卻突然心血來潮，覺得那壺水更好，把這邊擱下不燒了，跑到那邊另起爐灶，結果新的一壺沒燒開，原來那壺也涼了。所以，企業只有在專業化領域才能鞏固自己的地位。對於我來說，只有在燒開了一壺水的情況下，我才會去燒第二壺水。」

財富箴言

專注成就專業，專業成就專家。

有些人總怪別人「哪壺不開提哪壺」，

其實他一壺水也沒燒開，讓人怎麼提？

3. 為首都建設作貢獻

著名的景點，觀光大街原先都是白牆灰瓦，時間一長，難免會這裡脫落一塊，那裡斑駁一塊，很不美觀。後來，油漆工廠的廠長王先生注意到了這一現象，便想做點好事，順便為企業做點宣傳。為此，他請來專家，讓他們根據整條街的風格精心設計出不同的圖案與顏色，使得刷新後的牆壁與周邊的環境相得益彰。隨後，王先生讓人依照設計好的圖案把觀光大街的牆面粉刷一新。做完這些之後，他才讓人在幾個小地方刷上標語「為建設首都作貢獻」，聊作油漆工廠的廣告。觀光大街舊貌換新顏一事很快傳播開來，很多人得知這是油漆工廠的義舉之後更是感動不已，覺得這是一家信得過的企業，紛紛到該廠訂貨。結果，油漆工廠只花了五十萬元，卻做了一個效果奇佳的廣告，贏得了大量訂單。

財富箴言

捨得有限，贏得無限。
不僅要捨，還要捨得恰到好處。

4. 你們隨便拿好了

大倉喜八郎是日本明治時代名重一時的大商人，他的成功與他積極行善有著密不可分的關聯。

18 歲那年，大倉喜八郎從大阪農村來到東京，在一家小店裡當店員。經過數年打拚，他終於創立了一家屬於自己的海鮮產品商店。沒想到，商店剛剛開業一年，日本就發生了前所未有的大饑荒，東京地區食品奇缺，政府在當地設了一個救濟站，發放救濟糧

給災民。

　　巧的是，政府的救濟站就設在了大倉喜八郎的商店旁邊，他看著長蛇一般的團隊，覺得自己有必要做點什麼。於是，他打開店門，站在門口，向眾人喊道：「我店裡的東西，全部送給你們，你們隨便拿好了！」一開始，人們還以為聽錯了，當大家確認無誤後，都欣喜若狂的奔進了大倉喜八郎的店中。

　　很多人都以為大倉喜八郎瘋了，但他卻有自己的考慮：「現在到處是災民，很多人連飯都吃不上，當然也不會有錢來買我的東西。他們既然需要這些東西，而我又恰好能提供點幫助，為什麼不這麼做呢？再者說，如果他們把我想像成一個為富不仁的人，一怒之下會搶了我的店子也說不定。」人們聽了又感動又佩服，但不管怎麼說，大倉喜八郎樂善好施的名聲算是傳開了。災荒過後，大倉喜八郎重操舊業，很多人都念他的好，經常照顧他的生意，結果他很快就發了大財。

財富箴言

一滴水可以折射太陽的光輝，
一個善舉可以照亮一個商人的前程。

第四十五課　他們都曾經摳過

1. 這正是你成不了我的原因

有一次，石油大王洛克斐勒下班後想搭公車回家，但缺一角的零錢，就向他的祕書借，並說：「你一定要提醒我還，免得我忘了。」

祕書大方的說：「請別介意，一角算不了什麼。」

洛克斐勒聽了正色說：「你怎麼能說算不了什麼 —— 把一元存在銀行裡，要整整兩年才有一角的利息啊！」

還有一次，洛克斐勒在一家餐廳宴請幾位企業家，結完帳後，他手持一張帳單走向服務生，微笑著說：「年輕人，你看看是不是有一點誤差？」

那個服務生很自信的回答：「沒有啊。」

「你再仔細算一算。」這時，洛克斐勒宴請的幾位企業家已朝門口走去，他卻很有耐心的站在櫃檯前。

看著洛克斐勒認真的樣子，服務生不得不重新把菜價算了一遍，然後不以為然的說：「是的，因為零錢準備得不夠，我多收了您五十美分，但我認為像您這樣富有的人是不會在意的。」

「恰恰相反，我非常在意。」洛克斐勒堅決的糾正道。

服務生只得拉開抽屜，湊足五十美分，遞到一臉坦然的洛克斐勒手中，並譏諷的說：「我若是你，就不會連五十美分也這麼看重。」

「這我絕對相信，但這正是你成不了我的原因。」洛克斐勒微笑著說。

財富箴言

富人錢生錢，窮人債養債。

別拿小錢不當財富。

2. 我的兒子還沒適應生活

有一次，汽車大王亨利‧福特去英格蘭洽談業務。下了飛機，福特到機場詢問處想知道當地最便宜的飯店在哪裡，接待員看了看他 —— 這是一張著名的臉，全世界人都知道亨利‧福特。前天，報紙上還登了他的大幅照片，說他要來。現在他來了，卻穿著一件很舊的外套，還要最便宜的旅館。

接待員說：「如果我沒搞錯的話，您就是亨利‧福特先生。我記得很清楚，我見過您的照片。」

福特點點頭，說：「是的，我是亨利‧福特。」

接待員再次打量著福特，滿臉疑惑：「但是您竟然穿著這樣一件舊外套，還要住最便宜的旅館？我曾經見過您的兒子，他來我們這裡時總是詢問最好的旅館，他穿的也是最好的衣服。」

福特說：「是啊，我的兒子好出風頭，他還沒適應生活。對我而言，沒必要住在昂貴的旅館裡，我在哪裡都是亨利‧福特。即使住在最便宜的旅館裡，我也是亨利‧福特，這沒什麼兩樣。這件外

套是很舊，這是我父親的，但這沒關係，我不需要新衣服。我是亨利·福特，不管我穿什麼樣的衣服，即使我赤裸裸站著，我也是亨利·福特，這根本沒關係。」

財富箴言

沒有人因為奢侈而成功。

成功的意義在於創造，而不是揮霍。

3. 我能成為首富是因為我花得少

在拜金主義的發源地美國，股神巴菲特被稱為「除了父親之外最值得尊敬的男人」。人們為什麼尊敬他？首先是因為他有錢，其次是因為他不貪戀金錢。他的遺囑就是最好的證明。在遺囑中，他決定把個人資產的 99% 捐給慈善機構，只把 1% 留給自己的孩子們。

但在個人生活方面，巴菲特卻出奇的摳門。他曾經說過：「如果你想知道我為什麼能超過比爾蓋茲，我可以告訴你，是因為我花得少。這是對我節儉的一種獎賞。」

用巴菲特自己的話說，他的摳門是祖傳的。小時候，巴菲特曾經在爺爺開的雜貨店裡打過工，每天他都要爬上爬下取貨、捏著鼻子清理腐爛的水果、還要跑步去送貨……做得要死要活，報酬卻不如童工，而且每天收工時，爺爺還要從他可憐的薪水裡拿出兩美分，用來支付巴菲特自己的社會保險費！

長大後，巴菲特完美的繼承了爺爺的傳統。他的長子豪伊出生時，他已經很富有了，但他連一張嬰兒床都捨不得買，而是卸下了一個衣櫃抽屜，鋪上被褥，就成了兒子的嬰兒床。第二個孩子出生時，他借了一張嬰兒床。巴菲特唯一的女兒蘇西也沒占到過什麼便

宜。蘇西結婚後，很想擴建一下自己那個像巴掌一樣大的廚房，由於沒有積蓄，只好去找老爸借，沒想到老爸根本不借。後來，巴菲特的一位老友無意中發現，蘇西 —— 這個世界第二富翁的女兒在懷孕期間看的電視居然是一臺黑白電視機！這下引起了「眾怒」，巴菲特不得不送了女兒一臺彩色電視機，並為女兒擴建了廚房。

但這些跟下面這兩件事比起來，實在是不足以表現巴菲特的摳門。他簡直摳到家了：

有一次，巴菲特在某飯店跟客戶簽契約，他打電話給一位朋友，讓朋友給他帶六罐百事可樂過來，這樣他就不必為喝可樂而支付客房服務費！

另據傳說，巴菲特很少洗自己那輛老爺車，而是喜歡在下雨天把車開出去 —— 老天爺洗車是免費的！

財富箴言

「摳門」是對財富的尊重，「大方」是對自己的不負責任。

賺一塊錢不叫賺錢，省一塊錢才是賺錢。

第四十六課　他們都曾經細過

1. 知名礦泉水瓶蓋上有幾個齒

某電視臺曾對知名集團董事長宗先生進行過專訪。

在問完一些意料之中的問題後，主持人突然拿出一個知名礦泉水瓶，一連問了宗先生三道問題：

「這個知名礦泉水瓶的瓶口，有幾圈螺紋？」主持人問。

「三圈。」宗慶後立即答道。主持人一數，果然是三圈。

「那麼，瓶身有幾道螺紋？」

「八道。」宗先生還是不假思索的回答。主持人一數，說怎麼數著只有六道啊？宗先生笑著說：上面還有兩道。

主持人並不甘心。她扭開礦泉水瓶的瓶蓋，沉吟片刻，突然笑著問宗慶後：「您能告訴我這個瓶蓋上有幾個齒嗎？」

這也太無厘頭了吧！觀眾們都詫異的看著主持人。當然也有一部分觀眾在等待著宗先生的難堪。但宗先生讓他們失望了，他笑著對主持人說：「你觀察得很仔細，問題很刁鑽。我告訴你，礦泉水瓶蓋上，一般有十五個齒。」

「這個你也知道？」主持人瞪大了雙眼：「我來數一下。」她前後數了三遍，結果真是十五個！

在觀眾的掌聲中，主持人站了起來，作最後的節目總結：「關於財富的神話，總是讓人充滿好奇。一個擁有 700 多億身價的企業家，管理著幾十家公司和兩萬多名員工，開發生產了幾十個品種的飲料產品，每天需要決斷處理的事務何其繁雜，可是，他連他的礦泉水瓶瓶蓋上有幾個齒都瞭若指掌。也許我們可以從中看出，他是如何一步一步走向成功的。」

財富箴言

策略決定命運，細節決定成敗。

2. 這兩種線哪個更划算些

有一次，知名跨國企業集團董事長阮先生在檢查倉庫時意外發現，有兩種包裝線型號、價格相同，但粗細各異，便問採購員：「這兩種線哪種更划算？」

採購員答：「價格一樣，當然一樣划算。」

阮先生顯然不同意這種觀點，他拿著兩種線，請採購員一起到計量室，經測量，發現甲種包裝線總重量為 150 克、總長度為 100 公尺、每公尺重 1.5 克；而乙種包裝線總重量為 150 克、總長度為 90 公尺、每公尺重 1.67 克。然後，阮先生對採購員說：「包裝線使用時是按長度算的，在品質差不多的情況下，乙種包裝線比甲種包裝線要貴 11%，你說哪一種划算？」

還有一次，公司購進了一批太湖石。石頭運到後，阮先生感覺石頭分量不足，但又不好確認。最終，他想到一個笨辦法：讓裝卸工把石頭逐塊抬到磅秤上過秤！「天下哪有稱石頭的？」左右紛紛反對。但他固執己見。結果一稱之下，發現十噸一車的太湖石整整

缺了兩噸多，他毫不客氣的向供貨方追回了 15,000 元。事後，阮先生告誡相關負責人：「立業猶如針挑土，敗業猶如水推沙。越是家業大，越要精打細算。如果人人奢侈，處處浪費，縱有金山銀山也會被搬光！」

財富箴言

小事成就大事，細節成就完美。

3. 不要找經理，找主廚

有一次，松下幸之助在一家餐廳招待客人，一行六人都點了牛排。等大家都吃完主餐後，松下讓助理去請烹調牛排的主廚過來，他還特別強調：「不要找經理，找主廚。」助理注意到，松下的牛排只吃了一半，心想一會兒的場面可能會很尷尬。

主廚來了，他顯得很緊張，因為他知道今天請客的和做客的來頭都很大。「是不是牛排有什麼問題？」主廚緊張的問。「烹調牛排，對你已不成問題，」松下說，「但是我只能吃一半。原因不在於廚藝，牛排真的很好吃，你是位非常出色的廚師，但我已 80 歲了，胃口大不如前。」

見主廚和助理等人面面相覷，還沒明白過來，松下又進一步解釋：「我想當面和你談，是因為我擔心，當你看到只吃了一半的牛排被送回廚房時，心裡會難過。」

財富箴言

細節彰顯素養，小節表現人品。

4. 進房間時聲音輕一點

有一次，某知名集團行政總監周先生隨總裁王先生一起開車去其他城市開會。由於工作繁忙，連同司機一起，一行三人到達飯店時已是晚上十二點鐘了。早上七點，到了早餐時間，接到電話通知的司機卻遲遲沒有下樓。十五分鐘後，遲到的司機解釋說自己起床後洗了個澡。

「早上洗澡？昨天晚上你怎麼不洗呢？」周先生很意外，也有點不高興。

「因為昨天晚上下車時王總裁告訴我：『進房間時聲音輕一點，不要吵醒房間裡的另一位客人。』」司機說。

一句話讓周先生感動萬分。後來，講起這件事時，他說：「作為一個管理上萬名員工的知名企業家，王總裁一天要考慮那麼多事情，卻還能想到飯店的另一個房間裡還睡著一位不認識的客人，並交代自己的司機不要吵醒他。這種精神讓人感動。」

又有一次，周先生隨王總裁一起到首都出差，晚上兩人同睡一間客房。臨睡前，王總裁告訴周先生：「你先睡吧。我睡著了打呼嚕，會吵著你。」殊不知，面對如此從細節上關心下屬的老總裁，周先生那一夜卻再也睡不著了。

財富箴言

做事先做人。只有尊重別人的人，才能得到別人的尊重。
只有關心別人的人，才能得到別人的關愛。

第四十七課　他們都曾經請過

1. 何不讓媽媽出面跟他談談

　　克‧雷諾是美國矽谷一家小型軟體公司的老闆，有一次，他看中了一個人才，想請他擔任公司的業務主管。讓誰去聘請他呢？克‧雷諾毫不猶豫親自出馬，態度極其虔誠，但一次又一次被對方以各種理由拒絕。此後，克‧雷諾又屢次派公司的重量級人物去聘請那個人，還托關係找了那個人的幾個熟人，讓他們勸那個人加入公司，但結果總是失望。這天，克‧雷諾不死心的最後一次打電話給那個人，沒想到那人劈頭一句：「先生，全世界大概只有你媽媽沒有打過電話給我吧？！」說完用力掛斷了電話。克‧雷諾卻大喜過望：對啊，何不讓媽媽出面跟他談談呢？想到這裡，他立即撥通了遠在以色列的媽媽的電話。克‧雷諾的媽媽一點都不覺得兒子的想法荒唐，並當即打電話給那個人，動情的說：「孩子，你放心好了，我的雷諾可是個好人，只要你給他個機會，你一定會願意和他合作的。」那個人再也無法抵擋克‧雷諾的盛情，幾天後便來到了克雷諾的公司。由於他的加入公司，公司得到了迅速發展。

財富箴言

人才需要空間，老闆需要度量。

2. 我幫您帶孩子吧

1984 年，胡先生與幾個朋友共同開了製作開關的工廠。當時電器市場假冒偽劣成風，導致事故頻發。為提高產品品質、創新生產技術，胡先生第一時間想到大城市請專家。

當時交通遠沒有今天這麼發達，每次去大城市至少要坐二十四小時的船。胡先生往返三趟，托人、找關係，最終找到了電器工廠的工程師王先生。因當地的電器臭名遠揚，而且生活條件也不如大城市，因此王工程師兩次拒絕了胡先生。但胡先生求賢若渴，不達目的不甘休，第三次去請王工程師時，他見王家全家都是上班族，沒人帶孩子，便主動要求：「我幫您帶孩子吧！」帶孩子之餘，胡先生還幫著做家務，晚上就在王工程師家打地鋪，整整兩個星期，終於感動了王工程師。幾日後，王工程師在沒有告知電器工廠的情況下，悄悄隨胡先生離開，做了開關工廠的技術指導主管。在王工程師的輔佐下，產品品質得到了保障和提升，開關工廠迅速發展壯大。

財富箴言

產品要求精，人品更要求精。精誠所至，金石為開。

3. 沒問題，我再幫你加十萬元

1995 年，三十多歲的錢先生決定在老家開自己的鞋業公司，打造一個屬於自己的一流皮鞋品牌。

　　但當時擺在他面前的難題是，鞋業市場早已強手如林，他們個個如狼似虎，要想從他們口中分得一杯羹難如登天。更何況，錢先生的資金並不雄厚，甚至連開一個小型製鞋廠都做不到。

　　但是，錢先生又覺得當地的製鞋業雖然發達，但產品缺乏文化品味，沒形成自己的品牌，而這正是自己的機會所在！因此，他決定在皮鞋的設計上下工夫，並最終從仿生學的角度，設計出了一款仿生皮鞋。

　　設計方案有了，但如何才能請到一個技術非常嫻熟、高超的頂級鞋匠呢？因為只有這種行業高手才能夠完全領會他的設計意圖，並且能分毫不差製做出他所想要的皮鞋來！

　　辦法只有一個，高薪去挖！在當時，一個頂級鞋匠一年的收入也只不過五萬元而已，經過錢先生多方打聽最終找到了一位頂級鞋匠時，對方卻看不上他。

　　鞋匠問：「你一無製鞋工廠，二無行銷團隊，三無銷售管道，憑什麼請我去？」

　　錢先生的回答很不可靠。他說：「憑對你的將來負責！」錢先生解釋道，你只有現在到我這裡來做，才不會浪費你的真正才華，將來也不會後悔！

　　鞋匠笑笑說，請我也行，但薪酬要一年五十萬元！你付得起嗎？

　　錢先生立即回答：「沒問題，我再幫你加到六十萬元！」

　　不久，錢先生高薪請鞋匠的事情不脛而走，迅速傳遍了整個城市，包括同行、代理商、顧客等在內的很多人都知道了，並開始有意無意關心他即將要生產出的皮鞋來。

　　幾個月後，透過租用其他人的鞋廠，錢先生的第一批皮鞋終

於問世了，令他沒有想到的是，皮鞋剛一投放市場，就引來瘋狂搶購，原因很簡單：人們都想親身感受一下年薪六十萬元的鞋匠做出的皮鞋到底有多好！接下來，更讓他意想不到的是，一大批頂級鞋匠也紛紛慕名而來，投靠到他的公司。在眾人的合力下，錢先生的皮鞋越來越受市場歡迎，銷量一天比一天好！如今，他生產的皮鞋年銷量達一千多萬雙，銷售額近一百億！

財富箴言

人才不是大白菜，特殊人才要特殊對待。

資本流通世界，尋找的就是賺錢的地方；

人才尋找的就是大氣的老闆。

4. 即使你不來，需要錢就說一聲

某知名藥品創始人馮先生一向重視人才。1984 年，王先生受命到醫藥工業調查，馮先生當時主政的中藥二廠是當時僅有的五個中藥業廠之一，於是陪同考察。當時，一位與王先生的同行無意中說了一句：「我們這個小王，別看年紀小，但年輕有為啊，不僅工作時間鑽研，業餘時間他還做抗癌藥研究呢。」就這麼一句話，陪同考察的馮先生立即來了興趣，沒問職稱，沒問學歷，只問王先生有沒有興趣到中藥二廠工作。為了免除王先生的後顧之憂，他還提出王先生的伴侶也同時安排工作，另外安排住房，並允諾給他一個單獨的實驗室，同時配備幾名助手。為了讓他產生好感，馮先生還特意安排王先生遊覽當地景點名勝。用一位知情人的話說，當時馮先生對王先生，就像發現了新大陸。對此，王先生的感覺是「夠氣魄，夠豪爽」，無奈他也是個有魄力的人，自己也有些想法，因此婉言拒

絕。讓他沒有想到的是，分別時，馮先生拋下一句讓他一生都在回味的話：「即使你不來，需要錢就說一聲，我們支援你做研究，目的是讓全世界認識中藥。」

如今，王先生已經擁有近十億個人資產，但他仍然念念不忘十八年前只見過一面的馮先生。每當提起當年，王先生都由衷感嘆：馮總裁真是一個有遠見的企業家！

財富箴言

一句話可以讓人記一輩子。

有些話是讓人銘感五內，有些話是讓人咬牙切齒。

很多人尊重人才，其實是尊重利益。

很多人重視人才，其實是在乎自己。

第四十八課　他們都曾經留過

1. 就算坐太空船我也不去

　　19 世紀末，鋼鐵大王李先生從鋼鐵廠聘請來四位技術人員，其中一個一來就當了副總。半年後，該副總非常不好意思的說，自己想到另一家鋼鐵廠做技術總承包，而且是四個人一起去。李先生見他們心意已決，不便挽留，便說你們想走，沒問題，但你們可不可以先請三個月假？那樣的話，萬一做得不好就再回來。請假期間，我這裡可以照發薪水。結果三個人去到另一家鋼鐵廠後，既發揮不了作用，也沒有得到對方承諾的待遇，一賭氣就炒了老闆的魷魚，但又不好意思再回來，索性回家鄉。李先生知道後立即派人把他們請回來，官復原職，副總還是副總。此後，幾個人死心塌地，再無「異心」。

　　1992 年，該鋼鐵廠的總會計師孟先生患了血管瘤，醫生建議他立即到首都大醫院做手術。李先生知道後，立即派人送孟先生到醫院就醫，並派專人陪同治療。做完前期檢查，醫院方面認為病情非常嚴重，但手術一時無法進行，因為手術用的血液體外循環設備只有一套，因手術時間很長，一旦設備出了故障，手術就會失敗。李先生知道後，立即派了三位副經理趕去，表示只要手術不出問題，

自己願意花幾十萬元買一套設備，手術之後設備就送給醫院。醫院負責人非常感動，當即派人到其他醫院借了一套。手術後，孟先生傷口感染，要打進口針劑，每支五千元，一天最少三支。李先生知道後說，我只要人，多貴都沒問題。

孟先生出院時，醫生建議他休息一年，他沒有給任何人看醫生的診斷書，只休息了一個月就開始上班。在家休養期間，有一位企業老闆輾轉找到他，表示願意出高薪聘請他，李先生給你坐好車，我們就給你坐名車，李先生給你坐名車，我們就給你坐更高級的車。孟先生笑著對他說，就算坐太空船我也不去，我不會離開這間公司。

財富箴言

投資先投人，投人先投心。

2. 這是我所能想到的唯一能為你做的事

美國最大的網路 DVD 出租公司總裁里德‧哈斯汀曾經講過這樣一件事：

十年前，我還是個年輕人，在一家新創軟體公司上班。我工作非常賣力，常常激夜加班寫程式。為對抗生理時鐘，我幾乎靠咖啡度日。但除了工作我基本上很懶，喝過的咖啡杯往往隨手一放，幾日就能堆滿整張電腦桌。幸好每隔幾天，這些杯子就會被洗得乾乾淨淨，在桌上閃閃發亮。「清潔人員還挺負責的。」我想。

一天早上，我提前來上班，進入停車場後發現 CEO 的車子也在。我走進辦公室的走廊，經過熱水房時，瞥見 CEO 站在水槽前，他沒穿外套，袖子卷起，正在洗一堆滿是汙漬的咖啡杯。我

心裡忽然閃過一個念頭：那該不會是我的杯子吧？原來過去一年多來，都是 CEO 在為我偷偷洗杯子！我心裡又尷尬，又愧疚，甚至覺得羞恥。

「您為什麼要幫我洗杯子？」我走上前去，結結巴巴問他。

「噢，沒什麼。你工作那麼賣力，為我們做了那麼多事情，」CEO 說，「我總得為你做點什麼，這是我所能想到的唯一能為你做的事。」

財富箴言

很多高管都是高高在上的管，很多董事長一點也不懂事。

3. 正因為我們做得不好

微軟公司一向重視人才，尤其是重用年輕人。微軟公司總裁比爾蓋茲說：「對我來說，大部分快樂來自我能聘請到有才華的人，與之一起工作。我招聘了許多比我年輕許多的僱員，他們個個才智超群，視野寬闊。如果能夠利用他們睿智的眼光，同時廣納用戶進言，那麼我們就能繼續獨領風騷。」

為了招聘到有才華的年輕人，比爾蓋茲總是表現得非常謙虛，真正做到了禮賢下士。很多年前，在 Windows 還不存在時，他去請一位軟體高手加入公司微軟，那位高手一直不予理睬。最後禁不住比爾蓋茲的「死纏爛打」，同意見上一面，但一見面，他就劈頭蓋臉譏笑說：「我從沒見過比微軟做得更爛的作業系統。」

比爾蓋茲沒有絲毫的惱怒，反而誠懇的說：「正是因為我們做得不好，才請您加入公司。」那位高手愣住了。蓋茲的謙虛把高手拉進了微軟的陣營，這位高手成為了 Windows 的負責人，終於開發

出了世界級的作業系統。

財富箴言

交朋友交的是朋友的優點，用人才用的是他的才能。

海納百川，有容乃大。

能容十個人是班長，能容十萬人是將軍。

第四十九課　他們都曾經管過

1. 晚上我到您家裡站一分鐘

　　知名資訊公司有一條規則，開二十人以上的會遲到要罰站一分鐘。這是一項很嚴肅的規定，這一分鐘是很嚴肅的一分鐘，任何人必須執行。事情很巧，第一個被罰的人正是柳先生之前的老主管，柳先生和他都感到很尷尬，罰站的時候他本人緊張得不得了，一身是汗，柳先生坐著也一身是汗。柳先生悄聲跟老主管說：「您先在這裡站一分鐘，今天晚上我到您家裡站一分鐘。」柳先生本人也被罰過三次，其中有一次是他被困在電梯裡，大力敲門，希望有個人聽到幫他請個假，敲了半天也找不到人，出來後，柳先生沒作任何解釋，自己罰了站。

　　柳先生有一段名言：「第一，做人要正。雖然是老生常談，但確確實實極為重要。一個組織裡面，人怎麼用呢？我們是這麼看的，人和人相當於一個個阿拉伯數字。比如說 1,0000，前面的 1 是有效數字，帶一個 0 就是 10，帶兩個零就是 100……1 極其關鍵。很多企業請了很多有水準的大學生、研究生，甚至國外的人才，依然做得不好，是因為前面的有效數字不對，他也是個 0。作為『1』的你一定要正。」

柳先生是這麼說，也是這麼做的，比如在公司的內部法規裡，有一條「不能有親有疏」，主要內容是「主管的子女不能進公司」。因為主管的子女進來，會影響其他有能力的年輕人的心態。當年柳先生的兒子從知名大學資訊系畢業時，很多人都勸柳先生適當「鬆一鬆」，但柳先生說：「沒有任何考慮的餘地，堅絕不讓他到公司來。這是自己定的法規，一旦開了頭，員工的子女們都進了公司，再互相結婚，互相串聯起來，越扯越多，將來想管也管不了。」

財富箴言

偉大者在於管理自己，不在於主管別人。

小公司靠感情，大公司靠制度。

2. 一、二、三，喝

知名企業有限公司董事長王先生是一位土生土長的農夫企業家，雖說沒進過高等學府深造，但他頭腦靈活、看事長遠。他有一句名言：「富人幫窮人，等於幫自己；善待你的員工，等於善待自己。」有一年冬天，王先生無意中發現一個工人在喝自來水龍頭裡的冷水，詢問後才知道是因為飲用的熱水供應不足，有主管說了，熱水要先讓辦公室裡的管理層喝。聽罷，王先生怒火中燒，當即將全體管理人員集合於院內，現場接了一杯杯冷水分給每個管理人員，然後自己數數：「一、二、三，喝！」數罷，帶頭一飲而盡。

財富箴言

除非你能管理自我，否則你不能管理任何人或任何東西。

部下的品德低，不是你的責任；

但不能提高部下的品德，就是你的責任。

3. 這種事為什麼要告訴我

　　戴爾上大學時就開始創業，由於他養成了晚睡晚起的習慣，也由於他掌握著公司裡唯一的大門鑰匙，所以每當他睡過了頭，匆匆忙忙趕到公司附近時，遠遠的就能看到二三十個員工在公司門口閒晃，等著他開門。

　　日復一日，戴爾公司很少在九點半以前準時開門。後來逐漸有點提前，但從來沒有早過早上九點。等公司做出早八點上班的決定之後，戴爾便明智的把公司大門的鑰匙交給了一位員工來掌管。

　　但公司發展迅速，快得驚人，越做越大，應該交出去的鑰匙顯然不只是公司大門這一把。

　　有一天，戴爾正在辦公室忙著解決複雜的系統問題，有個員工走進來抱怨說：「真倒楣，我的硬幣被可樂的自動售貨機『吃』掉了。」

　　戴爾忙得頭都沒抬，不解的問：「這種事為什麼要告訴我？」

　　員工理直氣壯的說：「因為售貨機的鑰匙是由你保管的啊！」

　　那一刻，戴爾明白了，自動售貨機的鑰匙也應該立刻交給別人保管了 —— 一切應該交給別人保管的鑰匙都應該立刻交給別人保管了！

財富箴言

將兵為帥，將將為王。

想辦法讓員工為你忙，而不是自己忙得團團轉。

第五十課　他們都曾經罰過

1. 這樣做是為了讓人們敢冒風險

員工做錯了事，非但不懲罰，還要獎勵，想想真是不可思議，但世界上就有這樣的公司，美國大眾廣播公司就是其一。

幾年前，美國大眾廣播公司專門為各部門經理建立了一項名為「犯錯獎」的獎金，以鼓勵他們大膽提出其尚不成熟的設想。對於這個獎項，該公司總裁俄利克‧薩斯解釋說：「這樣做的目的，是為了讓人們勇於冒風險，也會使我們自己盡早盡快知道是什麼錯誤。」他還說：「職位越高的人，越沒有勇氣承認自己的錯誤。」至今，該公司已經有十數位高管獲得了這項獎金，包括俄利克‧薩斯本人。

財富箴言

懲罰不是目的，獎勵也不是目的。要懲罰，更要激勵。

2. 辭退你我豈不是白花了三千萬元學費

有一次，一家美國公司的高級主管因為工作失誤讓該公司造成了三千萬美元的巨額損失。為此，這位高管心裡忐忑不安，不知公司會怎樣處理這件事。第二天，董事長把他叫到辦公室，通知他：

「你被調到底特律任業務主管。馬上收拾一下東西,準備就任吧。」

在該公司,業務主管是僅次於副總裁的位置。也就是說,這位高級主管非但沒有因為失誤被開除、降職,而且還高升了。因此,他非常驚訝,問:「為什麼不把我開除或者降職?」

「那麼做的話,我豈不是在你身上白花了三千萬美元的學費?」董事長平靜的回答。

這出人意料的一句話,使這位高級主管心裡產生了強大的動力。他明白董事長的用意:給他繼續工作的機會,憑他的進取心和才智,加上這次的經驗,他很可能超過未受過挫折的常人。換言之,董事長想將花三千萬美元買到的經驗轉化為更大額度的鈔票。後來,這位高級主管果然以驚人的毅力和智慧,為該公司做出了卓著的貢獻。

財富箴言

只有平庸的員工才怕開除。

只有包羅天下的心胸,才能創造出非的成就。

3. 我不會讓你走上絕路的

美國國際農機公司的創始人梅考克有一句名言:管理是嚴肅的愛。簡單說來就是在管理過程中,既要堅持制度的嚴肅性,又不傷工人的感情。

有一次,一個老員工嚴重違反了工作制度,按規定他應該受到開除的處分。決定發布後,那個老員工當即火冒三丈,他找到梅考克,說:「當年公司債務累累時,我與你患難與共,三個月不拿薪水也毫無怨言,而今犯了這點錯就把老子開除,你也不講一點

情分！」

梅考克平靜的對他說：「你知不知道這是公司？是個有法規的地方？這不是我們兩個人的私事，我只能按規定辦事，不能有一點例外。」

但幾天後，梅考克了解到，這個老員工之所以違規，其實是他的妻子去世了，兩個孩子不僅嗷嗷待哺，而且其中一個還發生意外失去一條腿，老員工由於極度痛苦，借酒消愁，才誤了上班……當天，梅考克就找到那位老員工，誠懇的說：「我真糊塗，現在你什麼都不要想，趕緊料理好老婆的後事，照顧好孩子們。你說過，我們是患難與共的好朋友，所以你放寬心，我不會讓你走上絕路的。」說完，他從皮包裡掏出一疊鈔票，塞到老員工手裡。

老員工喜出望外，說：「你是想撤銷開除我的命令嗎？」

「你希望我這樣做嗎？」梅考克親切的問。

「不，我不希望你為我破壞了規矩。」

「對，這才是我的好朋友，你放心，我會適當安排的。」事後，這個老工人被安排到梅考克的一家牧場當管家。

財富箴言

軍法無情人有情。

管理，就在無情的制度上灑上一些溫情。

第五十一課　他們都曾經愛過

1. 錢對我毫無意義，我需要的是愛和溫暖

　　多年前，一個美國密西西比湖畔長大的鄉下女孩，帶著她的歌星夢來到了紐約。生活拮据的她為實現夢想，不得不白天學習音樂，晚上到一個小餐廳做服務員。

　　那天，一個面容憔悴、神情悽苦的老人，為躲避狂風走進了餐廳。所有的人都漠視他，甚至有人要趕他出門，只有她動了惻隱之心，她搬來一把軟椅讓老人坐下，還專門為老人唱了一首美國鄉村歌曲，並熱情邀請他參加她和朋友們的聚會。漸漸的，老人的心情舒暢起來。

　　兩個月後的一天，女孩收到一封郵件。寄信人正是那個一面之緣的老人，內容如下：

　　孩子，我年輕的時候收養了三個越南孤兒，為此一直沒有結婚。可當我含辛茹苦教育他們長大成人並扶持他們建立了自己的事業後，他們卻拋棄了我這個養父。我退休前在一家公司當工程師，有著豐厚的收入，但錢對我這個歷盡滄桑、將要入土的老人毫無意義，我需要的是親人的愛與溫暖。孩子，只有你給過我這種金錢難買的感覺。現在，我已回到鄉下落葉歸根，我要把一生的積蓄和房

子都留給你，希望這些錢能幫助你實現你的夢想。隨信附上房子的鑰匙和支票。

女孩內心澎湃，久久難以平靜。為了告慰老人，她用這筆錢做了一張音樂專輯，並隨之聲名鵲起，風靡全球。她就是當今世界樂壇久負盛名的歌星 —— 瑪丹娜。

財富箴言

搬把椅子，陪人坐坐、聊聊天，給些關愛，

非常簡單，但很多人做不到。

愛在哪裡？就在超越局限的地方。

錢在哪裡？就在超越冷漠的地方。

2. 這些窮學生到哪裡去吃飯

前面講過知名醬料品牌陶小姐創業的故事，那麼，開辣椒醬加工廠之前呢？說起來還有一個故事：最早，陶小姐在路旁賣仙草，後來仙草攤「擴建」成小餐廳，由於她的產品味道好、分量足，吸引了很多人前來光顧。在這些常客中，有一個學生，自從小餐廳開張，他就每天來吃飯。可是有幾天，學生沒有來，陶小姐就四處打聽，了解到學生沒來吃飯的原因是因為家境不富裕，沒有錢。她立即就讓那個知情人跟學生說：「以後每天來吃飯，不用付錢！」後來，她還為學生繳了學費。學生非常感動，就和陶小姐成為比家人更親的朋友。這件事一傳十、十傳百，人們都知道這個善舉。後來，陶小姐關了餐廳，專門加工辣椒醬，公司的名氣因此越來越大。

更鮮為人知的是，陶小姐開公司其實是被眾人推舉上去的。

1994 年，陶小姐的小作坊生產的辣椒醬已經供不應求，當地人紛紛勸她放棄小餐廳，開工廠專門生產辣椒醬，但被陶小姐乾脆的拒絕了。她的理由很簡單：「小店關了，這些窮學生到哪裡去吃飯？」後來，很多受陶小姐照顧的學生們都遊說她，陶小姐才開了辣椒醬加工廠。

　　在陶小姐的公司，沒有人叫她董事長。公司兩千多名員工，陶小姐能叫出 60% 的人名，並記住了其中許多人的生日。每個員工結婚，她都要親自當證婚人。每當有員工出差，她總是像送兒女遠行一樣，親手為他們做一頓飯，一直把他們送到工廠門口。

財富箴言

經營企業就是經營人才，經營人才就是經營人心。

愛者無疆，仁者無敵。

3. 商人忠於國家是理所當然的

　　《左傳》中記載了一個「弦高退敵」的經典故事，說的是西元前 627 年的春天，秦穆公趁鄭國的盟國晉國國君晉文公去世之機，派大將孟明視率兵偷襲鄭國。大軍曉宿夜行，保密工作做得很好，但剛剛行至滑國地界（在今河南省，緊靠鄭國國界），忽然有人攔住去路，說是鄭國派來的使臣，求見秦國主將。

　　孟明視大吃一驚，趕緊親自接見，並問來使姓字名誰，前來做什麼。

　　那人說：「我叫弦高。我們國君聽說三位將軍要到鄭國來，特派我送上一份微薄的禮物，慰勞貴軍將士，表示一點心意。」說完，他獻上了四張熟牛皮和十二頭肥牛。

　　秦國原來打算在鄭國毫無準備的時候進行突然襲擊，現在見鄭國使臣老遠跑來犒勞軍隊，這說明鄭國早已有了準備，要偷襲就不可能了。於是孟明視趕緊收下禮物，對弦高說：「我們並不是到貴國去的，你們何必這麼費心！你就回去吧。」

　　見弦高一臉不相信的神情，孟明視又說：「實話告訴你吧，我們是來攻打滑國的，你放心回去吧！」

　　弦高走了以後，孟明視對手下的將軍說：「鄭國有了準備，偷襲沒有成功的希望。我們還是回國吧。」說罷，就滅掉滑國，回國了。

　　其實，孟明視上了弦高的當。弦高並不是什麼使者，他只是一個普通的鄭國商人 —— 牛販子。當時，他趕著牛正準備去成周做買賣，正好碰到了行蹤詭祕的秦軍，就頗為留心。這時，恰好又遇見了一位在秦國經商的老鄉，跟他一聊，才知道秦軍的來意，但向鄭國報告已經來不及，他便急中生智，冒充鄭國使臣騙了孟明視。與此同時，弦高又派人連夜趕回鄭國向國君報告。鄭國國君接到弦高的信，一邊進行戰爭動員，一邊進行祕密調查，最終發現了通敵的內奸和潛藏的間諜，將他們統統驅逐出境。

　　後來，弦高回到國內，鄭國國君要獎賞弦高，他卻婉言謝絕了，他說：「作為商人，忠於國家是理所當然的，如果受獎，豈不是把我當做外人了嗎？」

財富箴言

天下興亡，企業家有責。

愛國不是唱高調，而是不求回報的做實事。

第五十二課　他們都曾經借過

1. 我要當我的心

第二次世界大戰結束不久，英國人大衛森創辦了一個生產塑膠製品的小廠，由於經營不善，工廠很快破產。為了還債，他變賣了自己的房子，成了身無分文的窮人。

有一天，大衛森得知愛丁堡市正在承辦非洲文明展，天氣炎熱，參觀者眾多。大衛森想，如果能在會展中心賣飲料，生意一定很好。經過打聽，他得知在那裡賣飲料至少也得投入一百英鎊。

怎麼辦？自己一分錢也沒有。

正在煩惱之時，大衛森抬頭看到了一家當鋪。他靈機一動，有了辦法。他整整衣服，走進當鋪，來到櫃檯前，對老闆說：「我要當我的心。只當一百英鎊，我會及時贖回我的心。」

老闆開了一輩子當鋪，還是第一次聽到有人要當自己的心。真是新鮮！在好奇心的驅使下，老闆請大衛森坐下，說要詳細了解一下大衛森的奇思妙想。最終，大衛森的悲慘遭遇，讓老闆的同情心油然而生；大衛森的創意（當自己的心），也讓老闆對他充滿信心。大衛森順利得到了一百英鎊。透過賣飲料，他賺到了第一筆翻本的資本。他以這筆錢創業，經過長期的努力，終於在 60 歲時成了英國

最大的地產公司的董事長。

財富箴言

你自己就是最可貴的資本。

發揮自己的創造力，就沒有解決不了的問題。

2. 原價四百元，三百元你要不要

呂先生是商界的傳奇人物，他的創業經歷源自於一次機會。

1979 年冬天，22 歲的呂先生坐曳引機顛簸了九天九夜來到大城市，開始「找飯吃」。起初，他去了一個報廢品收購站，可才做了幾天就被老闆趕了出來，身無分文的他只好露宿街頭。一天，呂先生路過一個建築工地時，發現裡面的施工隊是家鄉來的，於是上前操著鄉音要求找一份工作。在答應了對方提出的只給飯吃、不給薪水、不能住在工地等一系列苛刻條件後，呂先生終於得到了一個工作。一個月後，工地完工了，他又失業了。這種生活，他一過就是五年。

1985 年，呂先生的生活開始出現轉機。由於他平時踏實厚道，一個村民以四萬元的總造價將一棟二十坪的私人建築承包給他。當時的呂先生沒有任何設備、人員和資金。為了將這個工程做好，他用每條五百元的高價從一家小店賒出了一條香菸，然後找到另一家小店，問對方：「原價四百元，三百元賣你，要嗎？」就這樣買來賣去，他最終湊夠了購買原材料、租設備、請工人的首筆啟動資金。之後，他以類似方式賣米，並獲得了更多流動資金。經過數輪買賣，呂先生完成了平生接到的第一個大工程。「其實，當時我一分錢都沒有賺到，還賠進了自己的薪水，不過，我就是靠這個起家

的。」呂先生至今回憶起來仍很自豪。

財富箴言

沒有船就借船出海，沒有梯就借梯登天。

借錢的前提是商譽，借力的前提是利益。

3. 為什麼不用借力使力的辦法呢

1985 年春，婁先生以塑膠編織袋廠廠長的身分，與日本株式會社達成了購買日本某紡織株式會社生產的先進的塑膠編織袋生產線的口頭協議。四月五日，婁先生與幾個同事一起在青島與日方展開談判。寒暄過後，談判立即進入實質性階段，對方代表首先就生產線的性能和價格做了說明，大意是他們經銷的生產線是當時最先進的設備，最低報價 240 萬美元。報完價後，該代表還擺出一副不容還價的神氣。婁先生微微一笑，心想：你騙誰呀，以前進口的同類設備貴的 180 萬美元，便宜的才 140 萬美元，真是獅子大開口！

想到這裡，婁先生站起身說：「據我們所知，你們的設備性能與貴國某某會社提供的產品完全一樣，某廠購買的該設備，比貴方開價便宜一半，因此我提請你重新出示價格。」

日方心知肚明，只好同意第二天重新報價。一夜之間，日本人就把報價降到了 180 萬美元。經過婁先生等人激烈的爭論，又逐漸壓到了 140 萬美元，直至 130 萬美元。但婁先生並不滿意，仍堅持要求對方再降一點。而日方則表示價格無法再壓。此後雙方連續談了九天，共計談了三十五次，報價也沒有降下來。

「是不是到了該簽字的時候了？不，為什麼不用借力使力的辦法呢？」打定主意後，婁先生在第二天的談判中有意暗示對方，自己

已經和一家歐洲公司做了洽談。這個「小動作」立即被日商發現，總價當即降至 120 萬美元。但婁先生敏銳的意識到情況對自己太有利了，應該好好把握住這個機會，再擠一擠，迫使對方做出進一步的讓價。結果日方代表震怒了：「婁先生，我們數次請示公司，四次壓價，報價從 240 萬美元降到了 120 萬美元，已經降了 50%，你們還不簽字，太無誠意了！」說完他還氣呼呼把提包摔在了談判桌上。

婁先生也站起來，回敬道：「先生，你們的價格，還有你的態度，我們都不能接受！」說完，婁先生同樣氣呼呼的把提包摔在了桌上。他的提包有意沒拉上拉鍊，經他這一摔，裡面那個歐洲某公司的設備資料與照片散了一地。日方見狀大吃一驚，急忙拉住婁先生，臉上賠著笑說：「婁先生，我的許可權已到此為止，請讓我請示之後，再商量商量。」婁先生寸步不讓：「請轉告貴公司，這樣的價格我們不感興趣。」說完，抽身便走。結果，日方經過再次請示，宣布最後開價再讓 3%，為 110 萬美元。婁先生覺得差不多了，再擠下去已無可能，當即與日本代表握手成交。但他又提出，日方來安裝設備時所需費用一概由日方承擔，僅此一項，又省了將近十萬美元。

財富箴言

借力使力不費力，借腦用腦沒煩惱。

第五十三課　他們都曾經傍過

1. 請謝安做代言人

　　明朝開國重臣劉基曾經做過一首詩，詩云：
東山導騎出岩阿，能使枯蒲貴綺羅。
卻恨卞和無祿位，中宵抱玉淚成河。
什麼意思呢？

　　大意就是說，東晉時，有一個製造蒲扇的鄉下小作坊主，不知怎麼的就跟當時的名士謝安拉上了關係，他讓謝安做自己製造的蒲扇的形象代言人，儘管這不過是一些蒲草編成的扇子而已，但借助謝安的名氣地位，這麼個小生意三做兩做竟做得異常火暴，他的蒲扇價格一漲再漲，最後竟跟別的商販用絲綢做的高級扇子相差無幾。

　　而另一位歷史著名人物的命運就顯得太悲催了。戰國時候的楚國人卞和，有一天發現一隻鳳凰停在一塊石頭上，按照當時的說法，鳳凰不落無寶之地，卞和見了趕緊跑過去，發現鳳凰停過的石頭果然是一塊璞玉。可惜的是，由於卞和人微言輕，原本指望得到賞賜的卞和把璞玉獻給楚王后，反倒被說成是騙子而被斬斷了雙腳，然後趕出了王宮。卞和無奈又無助，抱著那塊璞玉在宮外哭了

數日，最後感動了一位識貨的老玉匠，老玉匠將璞玉雕磨成了一件價值連城的名器，也就是後來的和氏璧。

劉基最後兩句詩的意思就是說：這個卞和真是傻，他怎麼就不會拉上個著名人物當他的代理人，或者至少幫他說兩句求情的話呢？

財富箴言

「拉大旗作虎皮」，只要不違法，只要有效益，就無可厚非。

市場是一個媚俗的機制，社會是一個庸俗的場所，

產品一定要有不俗的定位。

2. 總統每天都吃花粉

1980 年，美國一家公司生產的天然花粉食品「保靈蜜」銷路不暢，銷售經理換了好幾個，卻始終無法激起消費者對「保靈蜜」的需求熱情。正在大家一籌莫展之際，該公司負責公共關係的一位工作人員帶來了喜訊：美國總統雷根長期吃花粉類食品。原來這位公關小姐非常善於結交社會名人，常常從一些名流那裡得到一些非常有價值的資訊。這一次她從雷根總統女兒那裡聽到：「二十多年來，我們家的冰箱裡從未斷過花粉，我父親喜歡每天下午四點吃一次天然花粉食品，長期如此。」後來該公司公關部的另一位工作人員又從雷根總統的助理那裡得到資訊，說雷根總統在健身壯體方面有自己的祕訣，那就是吃花粉、多運動、睡眠足。於是這家公司在徵得雷根總統同意後，馬上發動了一個全方位的宣傳攻勢，讓全美國都知道，美國歷史上年齡最大的總統之所以體格健壯、精力充沛，是因為經常服用天然花粉的緣故，該公司的「保靈蜜」得以迅速風行

美國市場。

財富箴言
影響力決定吸引力，吸引力等於説服力，説服力就是購買力。

3. 我們只是第二

　　艾薇斯公司是美國一家計程車公司，成立十年來，該公司一直處於虧損狀態。後來，公司新任總裁陶先德走馬上任，經過周密調查，他採取了有效的策略，居然使半死不活的艾薇斯公司在兩個月內扭虧為盈。

　　陶先德是怎麼做到這一點的呢？其實非常簡單。

　　當時，美國計程車行業的老大是赫茲計程車公司，而陶先德的策略就是緊緊咬住赫茲公司做宣傳。艾薇斯公司的廣告總是強調：艾薇斯在計程車業中只是第二，所以我們更加努力；我們是第二，所以我們不能接受骯髒的菸灰缸；我們是第二，所以我們不能接受沒有擦洗乾淨的車等等。與此同時，艾薇斯公司所有的工作人員胸前都佩戴上了寫有「我們只是第二，我們更加努力」的胸牌。當有顧客嘲笑或不滿時，她們總是一成不變的回答：「我們只是第二，我們會更加努力。」時間一長，「我們只是第二」這句話竟成了美國當時的口頭禪。

　　但是事實上，他們是第二嗎？當然不是，倒數第二還差不多。但又有誰真正關注他們是第幾呢？就這樣，他們借助當之無愧的老大，花費了很少的經費，就把自己打造成了一人之下萬人之上的品牌。

財富箴言

第二就是對第一威脅最大的人。

做第幾都不要緊，關鍵是要向第一學習。

4. 還有比賓士更穩定的車

　　1983 年 8 月，日本豐田汽車公司召開了一次意義重大的董事會議。在會上，豐田掌門人豐田英二提出了一個震撼性的問題：「做汽車，我們也有半個世紀的經驗了，那麼，我們能不能創造出足以傲視當世車壇的頂級轎車呢？」換句話說，豐田準備進軍世界頂級轎車行列。在當時，這是一句膽大包天的話。很多董事認為，豐田應該將自己做得最好的事情變得更好 —— 為更多的人生產可以負擔得起的汽車。一旦豐田涉足豪華車市場，就必須以這一領域的頂級對手為敵，比如賓士、BMW。而一旦確定生產類似的豪華車，豐田就必須投入鉅資開發新的引擎和底盤。退一步講，就算豐田能夠將引擎和底盤做到完美，他們還必須考慮舒適性、內部裝飾和外形美感等問題，但這些都不是豐田的強項。更何況此前豐田根本沒有生產、銷售過豪華車。與大多數日本消費者心目中，豐田車「低檔、省油、廉價」的形象早已根深蒂固。要改變大眾心目中固有的觀念，談何容易？

　　但豐田英二最終說服了董事們。經過六年的時間，五億美元的投入，「凌志—LEXUS」終於誕生。為了促進這款傾注了心血的豪車的銷量，豐田英二在潛在對手德國賓士身上做起文章，他在寄給潛在顧客的產品錄影帶中這樣展示凌志車的性能：同時在凌志與賓士的引擎蓋上放上一杯水，然後同時高速啟動兩車，結果賓士車上的

杯子水花四濺，而凌志車上的杯子平穩如初；然後兩車再做急轉彎動作，賓士車上的杯子立即杯倒水灑，凌志車上的杯子依然如故。豐田英二的意思很明顯，世界上還有比賓士更穩定的車，那就是凌志車。顧客當然是識貨的，或者說他們被那個產品錄影帶吸引了。但僅在當年，凌志車就銷售了一萬六千三百零二輛。兩年後，凌志成為了在美國銷量最好的進口豪華品牌，2000 年時還曾經奪取了凱迪拉克在北美最暢銷豪華車的寶座。

財富箴言

和名人站在一起，凡人也變得不凡。

和有錢人站在一起，窮鬼也顯得闊氣。

第五十四課　他們都曾經牽過

1. 幫他們搭一座橋，不就有希望了嗎

　　委內瑞拉有個自學成才的工程師，叫圖德拉，他不滿足受僱於人的生活，想做石油生意。可是在石油領域，他既沒關係又沒資金，所知的石油知識都非常有限。要是一般人，可能想想也就罷了，但圖德拉卻積極尋找機會，不久他便巧施連環計，單槍匹馬殺入了石油海運行業。

　　經過是這樣的：有一天，圖德拉從一個朋友處獲悉，南美國家阿根廷需要購買兩千萬美元的丁烷，於是他便立即飛往阿根廷。剛開始他本想做個牽線人，把這筆生意介紹給別的大公司，從中拿點提成了事。但是一個意外的發現讓他改變了主意，因為他發現阿根廷正在鬧「牛肉災」，數以噸計的牛肉大量積壓，讓牛肉商們頭疼不已。

　　圖德拉的大腦飛速運轉起來：中東有石油，阿根廷有牛肉，如果能幫他們搭一座橋，讓他們互取所需，自己的生意不就有希望了嗎？

　　經過周密籌畫，圖德拉展開了一連串的行動。首先，他找到阿根廷一家貿易公司，告訴他們希望透過貿易公司購買兩千萬美元的

牛肉，但是對方必須從自己這裡購買兩千萬美元的丁烷。貿易公司的負責人一想，能賣出過剩的東西，又能買到急需的東西，無疑是好事一樁，何樂不為呢！很快，雙方就簽訂了契約。

接著，圖德拉飛到西班牙，當時那裡的造船廠正在為沒有人訂貨而煩惱。圖德拉向造船廠提出，自己想訂購一艘價值兩千萬美元的超大型油輪，條件是他們要向自己購買兩千萬美元的阿根廷牛肉。西班牙人愉快的接受了。因為西班牙是牛肉消費大國，阿根廷則是世界重要牛肉產地，物美價廉。他們在本國賣完這些牛肉相當容易，但是賣一艘兩千萬美元的油輪，則是千難萬難。因此西班牙人稍一盤算，立即簽訂了契約。

最後一站，圖德拉飛到了中東，他找到一家大型石油公司，以購買對方兩千萬美元的丁烷為交換條件，讓石油公司租用他在西班牙建造的超級油輪。誰都知道，中東是世界上最大的石油產地，石油價格自然相對便宜，生意難做就在運輸上。石油公司一想，用誰的船都要付錢啊，更何況這是一筆大生意！當即滿口答應，這樣圖德拉又拿到了第三份契約。

由於交易的幾方都是各取所求，因此圖德拉根本沒費周折就把三份契約變成了事實，阿根廷賣了牛肉買了丁烷，西班牙賣了油輪買了牛肉，中東的產油國賣了丁烷，而圖德拉則在輾轉之間，以石油的運輸費抵了大半個油輪的造價。三筆交易完成後，他又把自己的大半個油輪抵押給銀行，貸到了大筆資金，輕輕鬆鬆實現了他做石油生意的美夢。

財富箴言

資源比資本更重要，沒有資源就整合資源。

2. 不就一條生產線嘛，我要了

　　幾年前有一家無線電工廠，因為早年購買的一條彩色電視機生產線而困擾：放著不管的話，很浪費資源；動工的話，有貨無市；想要賣給別人，又賣不了多少錢。一個小商人曲先生聽到這個消息後，當即找到該廠主管，胸膛一拍，財大氣粗的說：「不就一條生產線嘛，我要了。你們多少錢買的我多少錢付給你們，一分錢不讓你們賠！」

　　不過曲先生有個條件，那就是先貨後款，一年後一次付清，到時再加利息款 100 萬元。無線電工廠覺得這個條件非常優厚，合情合理，而且自己終於甩掉了大麻煩，因此欣然同意。殊不知，曲先生當時正在大玩「空手道」呢！

　　原來在去無線電工廠之前，曲先生得知俄羅斯急需添購彩色電視機生產線，但苦於沒有資金，然而他們有物美價廉的遊艇，舉世聞名。於是，曲先生首先用 500 萬元的彩色電視機生產線換回了價值 600 多萬元的豪華遊艇，之後利用遊艇開了旅遊觀光娛樂專案。由於該城市是有名的旅遊勝地，旅客流量很大，曲先生很快成了當地的名流士紳。之後，他又用遊艇和旅遊事業作抵押，向銀行貸款，用貸來的款項在當地的上好地段買地建房，開辦綜合性的旅遊服務專案。一年之後，曲先生就淨賺了 2500 萬元，還完無線電工廠的 600 萬元，還有 1500 多萬元的純利。

財富箴言

不怕你沒有，就怕你不知道哪裡有。

第五十五課　他們都曾經幫過

1. 我可以幫你帶回國修理嗎

施先生剛開始創業時，公司需要大批原材料——矽，當他找到一家德國公司提出訂貨意向後，對方卻以訂貨量太大為由拒絕了。當時德國老闆的兒子也在場，小男孩拿著一個舊打火機反覆請求爸爸為他修好，德國老闆顯得很不耐煩，施先生趕緊走過去，非常和藹的對小男孩說，我可以幫你帶回國修理嗎？達成「協定」後，他回國後第一時間就請人修好了打火機，並送還給德國老闆。結果不久，德國老闆就主動打電話給他說：「訂貨量沒有問題。」

財富箴言
人品沒問題，什麼都沒問題。
買賣不成仁義在。

2. 不拉你一把我睡不著覺

「紅頂商人」胡雪巖自幼喪父，家境貧寒，為了生存，他很小便以幫人放牛為生。年齡稍大後，經親戚介紹，他到一家錢莊做了學徒，從掃地、倒尿壺等雜役做起，三年師滿後因勤勞、踏實成了錢

莊的正式店員。

一個偶然的機會，胡雪巖結識了落魄的王有齡。當時朝政腐敗，王有齡雖然考取了功名，但由於無錢孝敬吏部官員，只能苦等上任之期。天長日久，連生活費都成了問題。剛巧此時，胡雪巖收回了一筆連老闆都認為收不回的爛帳，他有心資助王有齡，同時投資自己的未來，便找了個合適的時機請王有齡喝酒。在酒桌上，他直截了當地把銀票遞到王有齡面前，然後故意輕描淡寫說了句：「這是給你做官的資本。」

王有齡初時推辭，確信胡雪巖不是開玩笑，才千恩萬謝收下，但仍忍不住問道：「你為什麼對我這麼好？」

「朋友嘛！你有難處我心裡難過，不拉你一把我睡不著覺！」胡雪巖依舊輕描淡寫。

酒罷，王有齡拿著銀票，帶著一顆感恩的心離去。後來，他在北京遇到舊友何桂清，經其推薦，做了浙江糧臺總辦。而胡雪巖卻因為私自借銀一事被老闆一番暴打，趕出錢莊，暫時在一所妓院中打雜棲身。這天，已經前呼後擁的王有齡入妓院尋歡，巧遇恩人胡雪巖，想起往事，他當即與胡雪巖結為兄弟，並出資幫助胡雪巖開起了錢莊。之後，隨著王有齡不斷高升，胡雪巖的生意也越做越大，一躍成為杭州巨富。

財富箴言

朋友就是生產力，越窮越要「窮大方」。

財富不是永久的朋友，而朋友卻是永久的財富。

3. 賣了再給錢，我信得過你

　　陳先生出身貧困，小時候幾乎從沒吃過肉，飢餓還奪走了他一個哥哥和一個姐姐的生命。上小學時，陳先生的學費還是東借一點、西借一點湊起來的。父母借了錢之後常唸叨：「等雞下蛋後賣掉還債。」

　　1978 年，年僅 10 歲的他發現了一個商機：每天中午，他利用中午放學的時間，用兩個五公斤重的桶挑著井水到離家 1.5 公里的小集鎮上賣，大聲吆喝：「十塊錢隨便喝！」每天能賺個兩三百元。再次開學的時候，繳書本費對他而言已經不是難事了。當他聽說鄰居家的孩子還沒有錢繳書本費時，立即就去學校幫他把書本費繳了。

　　後來，他先後賣過冰棒、賣小點心，17 歲就成了全鄉聞名的有為少年。在此過程中，心地善良的陳先生持續幫助人，也曾被人騙過。

　　比如有一次，他認識了一個年輕人，兩人決定一起做棉鞋生意。陳先生先行支付了 15 萬元的貨款，可是等貨送過來，才發現全是偽劣產品，鞋底全是硬紙板糊的。晴天看不出來，一到雨天鞋底就全爛了。這一次，陳先生把辛苦賺來的錢全賠了進去，心疼得他吃不下飯、睡不著覺。好在沒幾天，他重新振作了起來，想繼續從事販賣白米雜糧的生意，但當時已經賠得沒有多少本錢了，陳先生便抱著試試看的態度問鄉親們能不能暫時賒著，沒想到，憑藉他當年做生意留給鄉親的誠信形象，鄉親們都願意賒給他，表示「賣了再給錢，我信得過你」。多年以後，當陳先生回想起這段往事時，總是眼含著淚水，他常說，正是鄉親們的信任和支持，才有了他今天

的成就。

財富箴言

得人心者得天下，得人信者得人心。

商譽與信任成正比。

第五十六課　他們都曾經讓過

1. 不嫌棄就睡我的床鋪吧

　　幾十年前，一個刮著北風的寒夜，一對老夫妻走進路旁一間簡陋的旅店，詢問店員是否還有房間。不幸的是，這間小旅店已經客滿。

　　「這鬼天氣，到處客滿，這已經是我們找過的第十六家旅社了，怎麼辦呢？」老夫妻望著門外的夜色煩惱。

　　這時，店裡的小店員走過來，誠懇的說：「如果二位不嫌棄的話，今晚就住在我的床鋪上吧！」

　　「那你怎麼辦？」老先生問，語氣中有抑制不住的驚喜。

　　「噢，我沒事，我打烊後在大廳裡打個地鋪就行。」

　　……

　　第二天早上，老夫妻離開旅店時，堅持要照店價付給小店員客房費，但被小店員堅決拒絕了。臨走時，老先生開玩笑說：「我認為你經營旅店的才能，已經能夠當一家五星級飯店的總經理。」

　　「那很好啊！那樣就可以多些收入養活我媽媽了！」小店員隨口應道，哈哈一笑。

　　兩年後，小店員突然收到一封來信，信中附有一張往返紐約的

雙程機票，寫信者正是當年那對老夫妻，他們熱情邀請年輕人去紐約玩玩。

小店員依約前往，老夫妻在車站迎接他，然後直接把他領到紐約第五大街和第三十四街交會處，指著一幢剛剛竣工的摩天大樓說：「這是我專門為你興建的五星級飯店，現在我正式邀請你來當總經理。」

這個年輕的小店員就是著名的奧斯多利亞大飯店經理喬治・波菲特先生。

財富箴言

銷售的本質是服務，服務的核心就是愛。

2. 你們不要棄明投暗

1999 年，牛先生用 500 多萬元註冊了自己的品牌。當時的牛先生，對公司的將來也沒有多大把握。但是聽說牛先生註冊了品牌以後，其他乳業公司的老闆、乳製品加工業的老闆，三四百人紛紛棄大就小，投奔了牛老闆的公司。牛先生告誡他們：「你們不要棄明投暗。」可大家就是要跟著他一起做。這些忠誠的老部下，或者變賣自己的股份，或者借貸，有的甚至把自己將來的養老金也拿了出來。在大家的努力下，五個月以後，公司的資本金就由註冊時的 500 多萬元變成了 6500 萬元。

那麼，牛先生為什麼這麼吸引人呢？就在於他的為人之道和人格魅力。在之前的乳業公司上班時，一個普通工人生了重病，牛先生第一個捐款，一下子就是 5 萬元。貨車司機有事不能正常上班，他代替司機開車。結果一天下來，一個不認識他的新工人逢人便

說：「新來的胖司機真好，讓他停哪就停哪。」有一次，由於業績突出，公司獎勵牛先生一筆錢，讓他買輛好車，他卻把錢分開，買了四輛麵包車，分給自己的部下；一年 500 多萬元的年薪，他也把大部分都分給了跟隨自己的員工。後來牛先生被資遣了，人走了，但也把老部下的心都帶走了。人心齊，泰山移，短短六年時間，牛先生的乳業公司就在企業界迅速崛起。

財富箴言

聰明的人，是精細考慮自己利益的人；

而智慧的人，則是精細考慮他人利益的人。

第五十七課　他們都曾經誠過

1. 我實在找不到大的廠商為我擔保

1957 年，李嘉誠覺得塑膠花市場潛力很大，便集中資金和技術力量，投入到塑膠花的生產中。很快，公司接到了許多外商大批、長期的訂貨契約。

有位外商覺得李嘉誠經營有方，產品價廉物美，希望大量訂貨。為了供貨有保障，這位外商提出，李嘉誠必須尋找一家有實力的廠商作擔保。

李嘉誠白手起家，沒有任何背景，去找誰擔保呢？他奔波了幾天都沒有結果，只好向對方如實相告：

「先生，我的確非常想和您長期合作，非常想獲得您的訂單。但是很遺憾，我實在找不到大的廠商為我擔保。如果因為這樣您不得不重新做出決定，我將表示尊重並充分理解。」

外商沉默了一會兒，說：「李先生，從您剛才的談話中不難看出，您是一位誠實的人。我想，信任是互相合作的基礎。您不必找人擔保了，我們現在就簽契約。」

李嘉誠十分高興，但是他還有難處，就是資金有限，一下子完不成那麼多訂單。李嘉誠不得不把這一實情告訴外商。

　　外商聽了李嘉誠的話，非但沒有取消訂單的意思，反而拍板道：「李先生，現在我更能確定，您是一位值得尊敬和信賴的人。我願意提前付款，為您解決資金的難題！」

　　就這樣，李嘉誠用誠信贏得了一次寶貴的機會，為自己日後的發展奠定了基礎。

財富箴言

有多少人信任你，你就擁有多少次成功的機會。

2. 一家年輕的企業

　　知名企業總裁王先生雖說是個農夫企業家，但他很早就打破了家族式管理對企業發展的限制，將自己的親屬紛紛請出公司，將五湖四海的能人高手請進來。

　　例如，現任首席設計師馬尼奧先生是義大利著名設計師。當年，王先生在出國時偶然結識了他，非常想讓他加入公司，但他沒有像某些說話不負責任的老闆那樣，而是實話實說：「我經營一家年輕的企業，雖然規模不算小，但鞋的等級與義大利相比還有一定差距。另外，公司地處一個經濟相對落後的小鎮，無論生活還是工作，都會有許多不便，因此，請你考慮清楚。」沒想到，王先生的實話實說打動了這位西方人，不久，馬尼奧便把自己公司的事務託付給別人打理，加入到王先生的麾下。

　　在公司裡，儘管語言、生活習慣等差異給馬尼奧帶來了許多困難，公司給他的報酬也不算高，但他非常敬業，雙方合作得非常愉快。後來，馬尼奧還對王先生透露：在你之前，已有好幾家其他國家、地區的製鞋企業想聘請他，而且他們許諾的條件都比你提出的

還要好，但最終都被他一一謝絕了。之所以選擇和王先生的公司合作，最主要是因為他覺得王先生很真誠，值得信賴。

財富箴言

真誠是合作的前提。即使是虛偽者，也往往披著真誠的外衣。

真話說一半常是彌天大謊。

3. 當年你撿到的錢全是我丟的

馮先生出身於醫藥世家，14歲時，他進入著名的中藥行，做了「關門弟子」。按照當時做學徒的規矩，掃地的總是「資歷」最嫩的學徒。直到有更嫩的師弟進來，掃地的工作才能由新人接替。但馮先生是關門弟子，所以整整做了三年學徒，掃了三年地。

在掃地的過程中，馮先生發現了一個奇怪的問題，那就是掃地總能撿到錢。錢不多，大概相當於現在的一兩百元，馮先生每次撿到錢，都會如數交給自己的師傅。直到二十多年後師傅去世前，才在病床上把這個祕密告訴馮先生：「當年你撿到的錢，全是我故意丟的，為的是考驗你是不是誠實。你每次考試全部合格。」

財富箴言

欺者自欺，誠者自成。

4. 我的機器比別家的貴

日本企業家小池一郎出身貧寒，經過打拚，他終於成立了一家機器銷售公司。有一段時期，小池一郎的機器賣得特別順利，不到半個月，他就跟三十多位客戶做成了生意。但是不久，他發現自己

賣的機器比別的公司同樣性能的機器貴出不少，他想，這樣一來，和我訂貨的客戶知道後一定會對我的信用產生懷疑。於是，深感不安的小池一郎立即帶上訂貨單和訂金，整整花了四天時間，找到客戶，然後老老實實向客戶說明，他賣的機器比別家的貴，只要他們願意，可以立即廢棄契約。沒想到，這種誠實的做法，反而使每個客戶深受感動，三十多個顧客沒有一個人與小池一郎廢約，反而加深了對他的信賴和敬佩。事情傳開後，很多顧客都被小池一郎的誠實所吸引，前來訂貨的客戶絡繹不絕，沒過多久，小池就成了腰纏萬貫的大富翁。

財富箴言

如果你失去了金錢，你只是失去了你能再次得到的東西；如是你失去了誠信，你就失去了你再也不會得到的東西。

第五十八課　他們都曾經實過

1. 張總根本沒有女兒

　　一家大型廣告代理公司在某一年，因業務需要，準備招聘四名高級職員，擔任業務部、發展部主任助理，待遇自不必言。

　　競爭非常激烈，憑著良好的資歷和優秀的考試成績，王先生榮幸的成為十名複試者中的一員。公司的人事部主任劉先生告訴他，複試主要是由總裁張先生主持。

　　複試那天，王先生一走進一個小會客廳，坐在正中沙發上的一個考官便站了起來。一看，正是張先生。

　　「是你！你是……」還沒等王先生說話，張先生便激動的說出了他的名字，並且快步走到面前，緊緊握住了他的手。

　　「原來是你！我找你找了很長時間了。」張先生一臉的驚喜，激動的轉過身對在座的另外幾位考官嚷道：「先生們，向你們介紹一下：這位就是救我女兒的那位年輕人。」

　　王先生的心狂跳起來，還沒說話，張先生把他一把拉到旁邊的沙發上坐下，說道：「我划船技術太差了，把女兒掉進了河裡，要不是這位年輕人就麻煩了。真抱歉，當時我只顧看女兒了，也沒來得及向你道謝。」

王先生竭力抑制住心跳，抿抿發乾的雙唇，說道：「很抱歉，張總裁，我以前只在報紙上見過您，更沒救過您女兒。」

張先生堅持自己認對了人，說：「你難道忘記了？去年四月二日……一定是你！我記得你臉上有塊痣。年輕人，你騙不了我的。」

王先生站起來，再次說明：「張總裁，我想您一定弄錯了。我從沒救過您女兒。」

王先生說得很堅決，張先生一時愣住了。忽然，他又笑了：「年輕人，我很欣賞你的誠實。我決定：你免試了。」

幾天後，王先生幸運的成為該公司的高級職員。不久，他和當初負責面試的劉先生閒聊時問對方：「救張總裁女兒的那位年輕人找到了嗎？」

「張總裁的女兒？」劉先生一時沒反應過來，接著他大笑起來，「他女兒？有七個人因為他女兒都被淘汰了。其實，他根本沒有女兒。」

財富箴言

坦誠是最明智的策略，老實是最可靠的智慧。

2. 他是你的顧客，做好你的工作

美國獨立企業聯盟主席傑克‧法里斯在談到他成功的原因時，常常提到他 13 歲那一年在加油站打工時的一段經歷：

「加油站是我父母開的。父親負責修車，母親負責記帳和收錢。起初，我到加油站來幫忙，是想學點修車的技術。可是父親卻讓我先在前臺接待顧客。我很不情願，覺得這工作沒什麼意思，也學不

到什麼真本事。父親對我說：『如果你能學會了解人，懂得和各種人打交道，你就能做好任何事情。』」

「我按照父親的話去做了。當汽車開進加油站時，我總是提前站在司機的車門前，檢查完油箱、蓄電池、傳動帶、水箱等設備後，我還會主動做點額外的工作，幫他們擦去車上的汙漬。漸漸的，來來往往的司機都願意把車開到我這裡來。

「可是，有一個顧客很讓我厭煩。這是個老太太，她每週固定開車來清洗和打蠟。她的車像她這個人一樣老，裡面的底板陷得很深，清洗起來特別麻煩。每次我都得費很大的力氣才能把她的車弄乾淨。令人討厭的是，她還特別挑剔，每次我把車交給她，她總要戴上眼鏡，仔仔細細檢查一遍，哪怕只是縫隙裡有一點灰塵或是線頭，她也要讓我重新清理。

「我實在是被她煩死了，背地裡對父親說不想再接待這個顧客。父親嚴肅的對我說：『她是你的顧客，無論她是怎樣的態度，你都應該禮貌對待她，盡心盡責做好你的工作。這是最基本的職業道德。』」

「父親的話給了我很大的觸動，我第一次意識到任何工作都應該認真，要誠心誠意對待別人。我開始用更大的耐心去應對顧客們的各種要求。」

「我的努力終於得到了回報。顧客們都喜歡到我這裡來。那個老太太更是逢人便誇我的工作讓她有多滿意。」

「長大後，我自己也開始經商，最終取得了現在的業績。我知道，我在加油站累積的經驗，特別是我學會的對待顧客的態度，為我的成功奠定了第一塊基石。」

財富箴言

你真誠，客戶就真心；你實在，客戶就實意。

3. 謝謝你幫我送飲料

在奧運舉辦期間，可口可樂和百事可樂兩大主要贊助商都想利用這次盛大的機會對自己的產品進行宣傳，抓住老百姓的心。於是，雙方的競爭在所難免，而最終誰能在競爭中取勝，就要看誰的廣告效果好了。

到了布置現場的時候，人們發現，不知怎的，可口可樂的廣告沒有被安排在最顯眼的地方。相較而言，百事可樂的廣告攻勢則顯得有聲有色，街上空飛著黃色飛艇，人們身穿黃色 T 恤衫……。

但人們很快發現，可口可樂公司並非沒有作為，而是別有用心，它把重點放在奧運的服務上。可口可樂的口號是：透過一流服務，使人們一旦喝了可口可樂，就不會忘掉它。根據事先制定的計畫，多達五百臺的飲料機被安裝在奧運各活動場所，為人們現場製作達到一定冰度、口感更佳的可口可樂。同時，一千多名學生被送進大飯店，按照享譽世界的麥當勞公司的速食服務標準，接受臺灣專家的嚴格訓練。在奧運的現場，這些學生不停穿梭其間，為揮汗如雨的運動員送去清涼和甘甜的飲料。

很快，可口可樂的實在策略開始現出效果：有一天，一個冠軍得主跳下領獎臺，首先衝向一個「可口可樂」志願者，將手裡的鮮花塞到她手裡，動情的說：「要不是你們幫我送飲料，我就拿不到這個冠軍了。」可口可樂憑自己實實在在的品質與服務贏得了人們的喜愛。這比起一味的宣傳，難道不是最好的廣告嗎？

財富箴言

一個產品，無論如何花大錢廣告，都不如暖人心。一個人，
無論是口才好還是打扮得漂亮，都不如做實事。

第五十九課　他們都曾經信過

1. 我們要打造的是「誠信藥行」

　　春節前夕，某地發生火災。在此之前，某知名醫藥公司與一家上游客戶簽訂了一筆 2,000 多萬元的醫藥材料的契約。契約簽訂後十五天，該醫藥公司即承付了貨款。但是火災發生後，行情巨變，價格攀升，對方不想履行契約。經過協商，對方只執行了一部分契約。可醫藥公司拿到貨之後並沒有像上游客戶一樣，趁火打劫，漲價賣給下游客戶，而是按老價格銷售。僅此一項，醫藥公司就賠了近 300 萬元。很多人都說醫藥公司傻，行情看漲，水漲船高，這再正常不過，也是可以理解的嘛！但該公司董事長范先生說：「我們不能那樣做，寧肯自己吃點虧，也不能傷害客戶。我們要打造的就是『誠信藥行』！」由於該醫藥公司誠實守信，贏得了廣大客戶的信賴。短短幾年間，公司的客戶數量就成長了十多倍，並且成為多家企業的總代理、一級代理，月銷售額達數億元，利潤可想而知。

財富箴言

無形資產也是資產。名利，名利，名聲就是利益。

誠信經營可能會暫時吃點虧，但只要守住這個底線，生意一

定會做得越來越順。

2. 多賺一美元並不重要

1999 年，某知名鞋業公司與一位日本客商簽訂了一份訂單。由於是第一次合作，日方比較謹慎，訂貨量並不大，並且強調一定要按期完成訂單。

區區一份訂單，當然難不住該鞋業公司。巧的是，當公司如期完成生產任務，正準備裝貨海運到日本時，不巧趕上了颱風期。如果等颱風過後再裝船，海運已無法如期到達日本。本來按照契約，這是出於不可抗因素造成的無法按時交貨，完全可以不負責任。但考慮到貨物遲到幾天，可能會讓對方造成損失，總裁王先生當即決定將貨物空運到日本。因此，貨物得以在颱風中心到達前如期抵達日本。

這樣一來，運費成本就大大增加了。日方知道後，非常感激王先生誠信負責的做法，很快便將幾筆大業務放心交給了他，並建立了長期穩定的合作關係。如今，該日商已成為該鞋業公司在國外市場的最大客戶。

2003 年，該鞋業公司又接下了一個義大利客商的訂單。在契約上，雙方談好了產品單價為 23 美元，但在產品生產過程中，相關人員發現生產部門在核算成本時將皮料的價格算得過低，若按實際成本計算，出口價格每雙鞋至少還要增加一美元。當相關負責人把這個情況匯報給王先生時，王先生表示：既然簽了契約，就是虧本了，這筆買賣也要做。後來，這件事被義大利客商無意中得知，他十分感動，主動提出給鞋業公司增加一美元的成本，王先生卻婉言謝絕了。他說：「多賺一美元或少賺一美元並不重要，重要的是要恪守

信用。」這位義大利客商欽佩之餘，當即決定追加訂單，將原來 20 幾萬美元的訂單一下子增加到 100 多萬美元，後來還建立了長期合作關係。

財富箴言
失信就是失敗，守信就是守財。
守信萬里還嫌近，無信一寸步難行。

3. 你這麼講信用，以後有事儘管找我

張先生是一家服裝公司的老闆。有一年，因為資金緊缺，他向一位朋友借了 100 萬元，承諾一年之後還清。

一年很快就過去了，但張先生的公司又遭遇了新的困難，一時之間還不出借朋友的錢。他想方設法，利用各種途徑籌足了 50 萬元，可剩下的 50 萬元怎麼也借不到了。怎麼辦呢？隨著還錢日期的臨近，張先生的眉頭越皺越緊。公司裡有人出主意：乾脆向朋友求個情，讓他再寬限些時間不行嗎？他雙眼一瞪，堅決的搖搖頭。還有人提建議：不如先開張空頭支票給你朋友，等帳上有了錢再支付。張先生臉色大變：「你當我是什麼人了？」最後，他決定以自己的房屋為抵押，然後向銀行貸款。誰知銀行只肯貸 25 萬元。沒辦法，張先生一咬牙，便把房子以 50 萬元的低價出售，終於在限期之內還清了欠朋友的款。但沒了房子的他只好和家人搬到了一處新租的小平房裡安身。

不久，那位朋友打電話給張先生，說週末想到他家聚聚，沒想到平時好客的張先生竟一口回絕了。朋友非常奇怪，就在週末開車去「找」他。當朋友費盡九牛二虎之力，終於找到他的「新家」

時，一下子驚呆了。當他得知這一切都是為了還自己的錢時，他感動不已。臨走時，朋友誠懇的說：「你這麼講信用，以後有事儘管找我。」

這件事很快被朋友傳開了，張先生在圈子裡以講信用、說話算數出了名。又過了兩年，因一次意外事故，他的生意再次陷入危機。就在他實在支撐不下去時，很多朋友都主動向他伸出援手，有人幫他貸款，有人借錢給他，而且不要利息。在朋友的幫助下，很快就解決了危機，從此在事業上一帆風順，重新邁入了成功企業家的行列。每當有人問起他的成功經驗時，他都會鄭重的說：「信用，是信用使我獲得了成功。」

財富箴言

信用不僅能促進成功，還能讓你立於不敗之地。

有借有還，再借不難。

第六十課　他們都曾經快過

1. 這是專門為你訂做的

2003 年 8 月，某報主編田先生前往知名鞋業公司採訪總裁王先生。採訪大概進行了一個小時。採訪結束後，田先生欲起身離開，這時王先生示意他稍等一下，說有件禮物要送給他。

「這是什麼禮物呢？」田先生帶著疑問接過禮物，感覺還很燙手，打開一看，居然是一雙剛剛下線的皮鞋。王先生笑著說：「剛出爐的，專門為您訂做的。」

「太意外了！才一個小時，你們的速度可真快呀！」田先生看看手錶，又一試穿，鞋子非常合腳。這下更驚訝了。

原來，田先生剛踏進王先生的辦公室，王先生就注意到了他的腳型，隨即便吩咐祕書去工廠為田主編訂做一雙皮鞋。

財富箴言
時間就是金錢，速度就是生命。

2. 快把所有的錢都匯過來

1989 年 12 月，臺灣某報社記者受命採訪中國著名畫家李可染，可是當他興沖沖來到李家時，李公已溘然長逝，只因某種原因，消息尚不為人知。這位本該很沮喪的記者卻怦然心動，他當即趕住榮寶齋等寄售李可染的作品的書畫店，見李可染的絕筆仍然原價掛在那裡，不由大喜，當即電告自己的親屬，不惜一切代價，迅速籌集了大筆款項，將寄售在此的李可染的書畫悉數買下。一個多月後，港臺及海外人士才得知李可染仙逝的消息，當大家匆匆趕往大陸，意欲求購李可染的絕筆墨寶時，為時已經太晚。不久，李可染的畫作就大幅飆升，那位記者自然成了大富翁。或許是怕賊人惦記吧，至今我們都不知道他的尊姓大名。

財富箴言

快一點，你就贏。慢一步，你可能連輸的機會都沒了。

3. 到了那裡，你們看著辦

某日，王先生看報時無意中看到了一條只有幾十字的新聞，大意是說南美洲的智利有一批二手汽車要出售，關於汽車的型號、數量、價格、產地和使用程度，新聞中一概未提。

憑著商人的敏感，王先生預感到這個新聞中蘊藏著巨大的商業價值，但是當務之急是如何弄清這一消息的全部情況。於是，王先生立即與這家報社取得聯絡。得到證實後，王先生又馬上找來幾個公司菁英，讓他們對這一消息進行研究，並進行順藤摸瓜式的挖掘整理，以便進一步完整準確掌握這條資訊。

第六十課　他們都曾經快過

　　幾天之後，王先生得到了這一消息的最新報告：南美洲的智利有一家銅礦，礦主數月前訂購了一批包括美國道爾奇、德國賓士等著名品牌在內的各類型大噸位載重車等工程車輛，共計 1500 輛，但是前不久銅礦倒閉，礦主不得不折價拍賣這些新車償還債務。同時他還獲悉，這一消息已經被其他國家和地區的相關企業得知。

　　1500 輛折價新車，這可是一筆大買賣。王先生沒有絲毫遲疑，他立即派出了一個由專家與工作人員組成的派遣組飛赴智利。臨行前，王先生還賦予了他們絕對的臨時處置權，讓他們關鍵時刻自己看著辦。經過認真驗貨，派遣組認為這批車輛各項指標都很令人滿意，於是立即進入了實際談判階段。經過一番緊張的鬥智鬥勇之後，派遣組最終與礦主達成了以原價 38 折的價格成交。僅此一項，就為王先生帶來了 7,000 萬美元的巨額利潤。

財富箴言

一個人快不算快，一群人快才算快。

第六十一課　他們都曾經穩過

1. 為什麼他們不自己砸開貝殼

萬那杜是一個坐落在南太平洋中的小島國，該國漁業資源豐富，盛產一種名叫硨磲的大海貝，這種海貝非常出名，因為它可以長出彌足珍貴的黑珍珠，在國際市場上，每枚高達十幾萬美元。

當然，並不是所有的硨磲都會長黑珍珠。萬那杜人每天捕撈上岸的硨磲數以百計，但其中只有寥寥幾個才有黑珍珠。而且，由於硨磲的殼比較厚實，出水之後又始終緊閉著，所以僅靠肉眼觀察是無法判斷裡面是否有黑珍珠的，必須要用斧子鑿開，才能一清二楚。而貝殼一旦被鑿開，硨磲就會死去，它的肉又非常難吃，碎殼也沒什麼經濟價值，除非能發現珍珠，否則硨磲立即會變成一錢不值的垃圾。所以萬那杜人從不自己砸開貝殼，尋找黑珍珠，而只是按數十至數百美元一個的價錢，將活著的硨磲賣給世界各國的冒險家們。

這就像賭博場上的押寶，買家完全憑藉自己的主觀猜測賭硨磲裡有沒有黑珍珠。儘管幸運兒少之又少，但所有的買家都樂此不疲，對他們而言，只要押對了一次，區區幾十美元就可賺回十幾萬美元，這是絕對划算也絕對值得試上一把的好事。於是，每年的漁

季，買家們都會一次又一次投入金錢，驗證自己的運氣。然而只有極少數的幸運兒能夠滿載而歸，絕大多數人只能帶著滿腹惆悵鎩羽而歸。到了下一漁季來臨的時候，買家又會捲土重來，原先的贏家想再贏，輸家想翻本。到最後，在這場經年累月的押寶遊戲中，幾乎所有的買家都輸了，沒有哪個人能夠贏到最後，許多人甚至為此傾家蕩產。

　　幾家歡喜幾家愁，有人輸就有人贏，贏家，就是當地的漁民。他們賣硨磲的收入並不高，但能夠穩穩當當的賺取利潤，許多年以後竟然也存下了一筆數目可觀的財富。當然，如前所述，他們完全有條件自己鑿開硨磲的貝殼，找出裡面的黑珍珠來賣，由自己來實現一夜暴富的夢想。但是他們放棄了這樣的機會，因為他們知道，小勝十次就是大勝，而大敗一次就可能再也沒有翻本的機會。

財富箴言
所有的賭王都不賭，所有的賭徒都不富。

2. 合適才是最好的

　　2005 年，知名鞋業公司總裁王先生召集了一次季度工作總結報告會。會上，行政事務中心、企劃財務中心和資訊技術中心等部門的主管先後作了匯報，王先生聽了都點點頭，表示很滿意，並特別表揚了其中超額完成任務的部門。

　　輪到公司事業部某經理匯報時，王先生卻皺起了眉頭。

　　只聽該經理匯報說：「一季度原計劃開店 70 家，最終開店 110 家，超額完成任務。」該經理在匯報過程中顯然很高興，原以為一定會得到總裁的表揚，可換來的卻是責罵。

王先生說：「你這叫做嚴重超標，這是很不好的工作習慣。」

該經理想不通，一副很委屈的樣子。正欲爭辯，善於察言觀色的王先生迅速接上剛才的話，又說：「你想想，你超標那麼多，你的管理、物流和人員跟得上嗎？如果不能保證品質，不僅不會形成有效的市場規模和效益，反而打亂了原有的平衡，撿了芝麻丟了西瓜。盲目開店的結果只會是開一家，死一家，做了無用功。這就好比一對夫婦，原本只要一個孩子，可卻生了三胞胎。對他們來說，這絕對是件哭笑不得的事，家裡一下子變成五口人，人多是熱鬧了，但撫養不起啊。」一個恰到好處的比喻說得該經理低下了頭。

最後，王先生強調：「記住，合適才是最好的。」

財富箴言

跑得快不如走得穩，賺得多不如賺得久。

人生就像開飛機，起飛並不難，要緊的是落地。

第六十二課　他們都曾經變過

1. 做生意不是研究學問

　　希爾頓是眾所周知的旅館業鉅子，但在 32 歲之前，他所做的生意一直都不順利。

　　1919 年，又一次經歷了失敗的希爾頓來到了德州。此前的德州居民，主要以牧牛為生，但自從發現了石油之後，這個偏遠小城的寂靜氣氛蕩然無存，一天到晚都是熙熙攘攘的人群，好像是一個永遠不收市的市場。

　　沒幾天，在這個喧囂的城市中，希爾頓再次遭遇挫折。他本想加入當地最熱門的工作 —— 挖石油，但又沒有足夠的資金。他也曾想收購一家小銀行，但當他前去收購時，對方卻臨時漲價，而他只有 3.7 萬美元，希爾頓只好放棄了。

　　銀行老闆的失信讓希爾頓很憤怒又很失望，好像一下子虛脫了似的，感到渾身沒有一絲力氣。晚上，他頹喪地走進一家名叫「碼雷布」的旅館，想找個房間休息，但裡面已經客滿。事實上，「客滿」一詞並不足以形容旅館裡的擁擠情形。由於準備發石油財的人太多，當地每一家旅館的每一個房間都是分三次出租，每個客人只准住八個小時，超過八個小時就要加倍付錢。換句話說，如果一個

房間你租用二十四小時的話，就要付出三次租金，也就是說要比其他地方貴三倍。

「這樣貴的房租，客人不會抗議嗎？」希爾頓和站在櫃檯後面的旅館老闆聊了起來。他喝下一杯威士忌，感覺精神好了些。

「抗議？」老闆理直氣壯的說，「誰嫌貴可以不住，沒有人會強迫他。」

在希爾頓從小所受的薰陶中，做生意應該是「和氣為貴，顧客至上」的，旅館老闆的態度著實使他吃了一驚。他心想，這個傢伙用這種態度對待客人，生意卻這麼好，如果再和氣一點的話，生意豈不是更好？

「話是這麼說，」希爾頓勸店老闆，「客人花了這麼多的錢，總應該對人客氣一點，我看你剛才替那位客人倒酒很不耐煩，對我也是一樣，這不大好吧？」

「你少在這裡囉唆！」旅館老闆不耐煩的拍著櫃檯說，「愛住就住，就這樣我還不願意伺候呢。」

「那你乾脆把它賣掉不就得啦，何必自己生悶氣，也惹得客人不愉快？」希爾頓說。

「我早就想把這間破店賣掉了，可是沒有人要有什麼辦法。」旅館老闆兩手撐著櫃檯，瞪著希爾頓說，「你想想看，在地上隨便一戳，就能冒出石油來，誰有心思來照料這個爛攤子？」

「你是真的想賣掉嗎？」希爾頓不相信的問。

「我騙你做什麼，要是有人肯買，我馬上就賣。」老闆說。

「你想賣多少錢？」希爾頓問。

「怎麼，你想要嗎？」老闆問。

這一問，使希爾頓愣住了。他完全是閒聊的性質，根本沒有

想到要把它買下來，可是經他這一問，他腦子裡好像被什麼震了一下，一個意念馬上湧了上來，我把它買下來不是很好嗎？

「你先說個價錢看看。」希爾頓說。

「如果你真想要，我們乾脆一句話，湊個整數，4 萬元。」旅館老闆說。

「能不能再少一點？」希爾頓問。

「不行，如果是半個月以前，少於 4.5 萬元我是絕不賣的。這幾天我真是膩了，恨不得馬上就帶著人挖石油去，所以才減少了 5,000元，再少就不像話啦。」

「3.7 萬元，馬上付現，怎麼樣？」希爾頓說，「我身上只有 3.7萬元，另外 3,000 元我過兩天再給你，是否可以？」

「可以！」對方答得很乾脆。

在眾人起哄的嘈雜聲和掌聲中，希爾頓擁有了他的第一家飯店。當天晚上，旅館全部客滿，連希爾頓的床也讓出來請客人住下了。他只好睡在辦公室裡。

後來有人問他：「當人們都瘋狂迷戀石油致富的時候，以你對事業的雄心，當時為什麼會想到經營飯店呢？」

希爾頓笑笑，反問對方：「照閣下的看法，我當時去挖石油好，還是開飯店好？」

「可是，聽說你那個時候，一直很討厭這一行生意，怎麼會突然改變念頭？」

「做生意不是讀書研究學問。」希爾頓說，「只要能賺錢，興趣是隨時可以改變的。」

財富箴言

人生最大的幸事，是從事自己喜歡的事，並從中賺到錢。

不賺錢的事情很快就會讓人失去興趣。

2. 淘金無望，賣水吧

18 世紀中期，美國加州發現了金礦。消息不脛而走，許多人認為這是一個發家致富的好機會，紛紛奔赴加州，準備大撈一筆。年僅 17 歲的亞默爾，也抵擋不住誘惑，加入了這支淘金大軍。

但是加州並不是遍地黃金。隨著越來越多的人蜂擁而至，加州遍地都是淘金者，金子越來越難淘，人們的生活也越來越艱苦。更有甚者，由於當地氣候乾燥，水源奇缺，許多淘金者不僅沒能淘到黃金，反而身染重病，喪身異鄉。

亞默爾也沒有淘到黃金，好在他的身體一直很健康。一天，聽著周圍的人對缺水的抱怨，亞默爾突發奇想：淘金希望太渺茫了，不如及早收手，賣水吧！

說做就做，亞默爾毅然放棄了淘金，費時多日修築了一條水渠和一個水池，將遠處的河水引入水池，用細沙過濾後就成為了清涼可口的飲用水。然後，亞默爾把這些水以極低的價格一壺一壺的賣給淘金者。

只賣一壺水，亞默爾自然賺不到幾個錢。因此有人笑話他，說他胸無大志，放著金子不挖，卻來賣水。亞默爾毫不在意，繼續賣水。結果幾年下來，當大多數淘金者都空手而回時，亞默爾卻靠賣水賺到了八萬美元。這在當時可是一筆非常可觀的財富，不亞於今天的百萬富翁！

財富箴言

執著，要看值不值得。不值得，就是執迷。

3. 我為什麼不把帆布製成褲子賣呢

　　李維·史特勞斯移民美國時甚至連英語都不會講，他在美國的起初幾年，主要是為他的兩位哥哥工作，間或在一些偏僻市鎮販賣布料和其他家庭用品。聽說加州發現了金礦，年輕的李維·史特勞斯相當著迷，不過之前的經商經歷讓他多了個心眼：那麼多人去加州淘金，一定會需要一些帆布做帳篷吧！因此他出發時，隨身帶了幾卷帆布。但到加州不久，他向哥哥借的僅有的一點資金便打了水漂。這天，他向一位年長的淘金人推銷他僅剩的那幾卷帆布時，淘金人說，我不需要帆布，我現在最需要的是長褲，耐磨的長褲，我的褲子都被泥土和水磨破了。

　　看著淘金人破了洞的長褲，李維·史特勞斯突然開了竅：我為什麼不把帆布製成褲子賣呢？當天，他就把帆布送到附近一間裁縫鋪，訂製了世界上第一件牛仔褲。由於這種褲子堅固耐磨，價格公道，很快便得到了廣大淘金者的認可和推崇，大家一傳十，十傳百，年輕的李維·史特勞斯不久便在舊金山開起了自己的第一間店。後來，李維·史特勞斯改用斜紋粗棉布製作牛仔褲，又進行了一系列的款式上的改良，使其更加堅固美觀，也使其為更多的人接受。很快，這種長褲便受到全美市場的青睞，大批訂貨紛至沓來，李維·史特勞斯自然賺了個盆滿缽滿。

財富箴言

經商不是單行線，千萬不能鑽牛角尖。

經商是為了賺錢，不是為了在無謂的小事上計較。

第六十三課　他們都曾經騙過

1. 你怎麼能把一句笑話當真呢

　　系山英太郎是日本曾經的首富，號稱「日本巴菲特」。有一次，他想興辦一座高爾夫球場。幾經輾轉，他終於選中了一塊場地。當時，這塊場地市價只值兩億日圓。但除了系山英太郎，還有好幾個人看中了它。考慮到競爭者很多，到時一定會相互加價，系山英太郎選擇了主動出擊，想把地價掌控在自己手裡。

　　他找到地主的經紀人，顯示自己想購買這塊場地。經紀人知道系山英太郎是個有錢的，便想敲他一筆，說：「這塊場地的優越性您是知道的，也是有目共睹的，建造高爾夫球場保證賺錢，要買的人很多，如果您肯出五億日圓的話，我將優先給予考慮。」

　　「五億日圓嗎？」系山英太郎表現出對地價一無所知的樣子，「不貴，不貴，我願意購買。」

　　經紀人喜滋滋的將這個情況向地主作了報告，地主也很高興，兩人都覺得五億日圓的價格已高得過頭了，於是就回絕了其他購買者。那些人聽說自己的競爭對手是大富翁系山英太郎，紛紛退出了競爭。

　　可是自此以後，系山英太郎就再也沒找過經紀人。經紀人多次

找上門去，他不是避而不見，就是找各種理由推託，總說還要斟酌斟酌、考慮考慮。經紀人按捺住脾氣，磨破嘴皮勸系山英太郎趕緊將買地事宜確定下來。

系山英太郎還是一副愛答不理的樣子，最後見火候差不多了，他才說：「地我一定是要買的，不過價錢如何呢？」

「你不是答應過出價五億日圓嗎？」經紀人趕緊提醒道。

「五億日圓是你開的價錢，那塊地最多值兩億日圓。你難道沒聽出我當時說『不貴，不貴』時的譏諷意味嗎？你怎麼把一句笑話當真了呢？」

經紀人這才發現自己上了系山英太郎的當，但事已至此，只好順他的話說：「那塊地確實只值兩億日圓，您就按這個數目付款如何？」

系山英太郎笑笑說：「真是笑話，最多值兩億日圓，就等於真的值兩億日圓嗎？」

經紀人進退維谷，考慮到其他人已退出競爭，系山英太郎不買就無人來購買，最後只好以 1.5 億日圓的優惠價格賣給了他。

財富箴言
購物中心如戰場，兵不厭詐；股市如賭市，十賭九騙。

2. 我這個古董比你那個還假

紅頂商人胡雪巖曾經在杭州城中開過一個大當鋪。有一天，當鋪裡來了大生意，一個客人拿來了一件稀世珍寶，說是商朝的古董，要當三百兩銀子，當鋪店員見有利可圖，當時就接下了古董。晚上查帳，胡雪巖知道了「商朝的古董」這件事，當即來了興趣，

但他一看就看出了破綻，這哪裡是什麼商朝古董，分明是仿造的！

胡雪巖沒有責備店員，也沒有認賠了事，而是讓管事的通知全城的達官貴人，說明天請到當鋪鑑賞商朝的古董寶貝，並備好筵席，以示慶賀。第二天，全城有名望的人物都到了，酒席擺好，貴客坐定，大夥紛紛要求胡雪巖趕緊把寶貝請出來一睹為快。胡雪巖對著一個店員使了個眼色，說去把稀世珍寶請出來……店員三步兩步躥上樓，抱著寶貝就往下走，結果在樓梯上一腳踏空，連人帶寶貝滾落下來，「商朝的古董」被摔成碎片。大夥頓時大呼小叫，唉聲嘆氣。不一會兒，胡雪巖的當鋪把古董摔碎了的消息就傳遍了全城。

第二天一早，寶貝的真主人來了。他拿出三百兩銀子，要贖回古董。按照當時的規矩，胡雪巖若拿不出寶貝來，就要加倍賠償。誰知胡雪巖收下銀兩，當即就叫掌櫃拿出了所謂的「商朝的古董」，驚得那人目瞪口呆：「你 —— 你 —— 你，你不是已經摔了嗎？」

胡雪巖微微一笑，說：「我摔的那個寶貝比你這個更假！」

財富箴言

對待狐狸就要比狐狸更狡猾。

人，光有真誠善良還不夠，還得有智慧。

3. 我還沒看過樣品呢

某天，高科技公司創始人夏先生和朋友聊天時，無意中得知郝姓代理商手上有一套德國製「蔬果脆片加工」設備，他當即眼前一亮，繼而澈夜未眠。

第二天一早，夏先生便帶著助手，輾轉找到了郝姓代理商，

但對方奇貨可居，獅子大開口。夏先生好說歹說，與對方談了三天三夜，互不相讓。最後，他突施奇計，提出看看生產出來的樣品：「我還從沒見過原裝樣品究竟是什麼樣呢。」對方樂得在他面前炫耀一番，當即應允。結果這一看不要緊，他的設備再也別想賣給他了——在看樣品的過程中，他向助手使了個眼色，助手便死記硬背下了包裝袋上的德國生產廠商的電話號碼！回家後，夏先生立刻聯絡廠商，千說萬說把設備發明人請過來。年底，設備順利到手。次年，全國各地訂單雪片般飛來，僅一年多，夏先生就靠此專案收入上億元。

財富箴言

如果你太老實，不要去經商；如果你太狡猾，遲早進鐵窗。

4. 阿根廷香蕉便宜囉

吉諾‧鮑洛奇是美籍義大利移民，1930 年，美國遭遇了史無前例的經濟大蕭條，鮑洛奇的父母先後失業，14 歲的鮑洛奇不得不輟學走上社會，做了一家雜貨店的送貨員。

雖然只是個送貨員，但鮑洛奇一有機會便向顧客推銷店裡的產品，因此他很快被一家食品店的經理看中，改行做了售貨員。

在食品店裡，鮑洛奇的銷售額總是比其他同事高出很多。到了晚上，他還不厭其煩整理攤位、打掃衛生。經理越來越喜歡這個能幹的年輕人，不僅多次加薪，還把他推薦給公司總裁，總裁立即把鮑洛奇調到總店，把他當成接班人培養。

為了報答公司的栽培，鮑洛奇更加努力工作，銷售業績直線上升。

第六十三課　他們都曾經騙過

　　有一天，公司遇到一件頭疼的事：由於水果冷藏倉庫起火，公司儲存的十八箱香蕉被烤得皮上產生小黑點，品相很差。為了把損失降到最低，總裁把這些香蕉交給了鮑洛奇，吩咐他降價甩賣。當時，該市的香蕉價格為每四磅兩角五分，總裁授意鮑洛奇可以將這批香蕉降至每四磅一角五分，如果顧客嫌貴，再便宜些也行。

　　鮑洛奇趕緊帶著這些已經有黑點的香蕉去銷售。但由於香蕉賣相不好，雖然價錢很低，一天過去了，始終無人問津。

　　這可如何是好？鮑洛奇剝開一隻香蕉，一邊品嘗，一邊皺著眉頭想辦法。突然，他發現這種被烤過的香蕉，吃起來竟然別有一番滋味。

　　他立即福至心靈，向著路人大聲吆喝起來：「快來買呀，新到的阿根廷香蕉，南美風味，全城獨此一家！阿根廷香蕉便宜囉！大家快來買呀！」經他這麼一嚷嚷，很多路人都被吸引過來，鮑洛奇趁機向大家推銷所謂的「阿根廷香蕉」，同時把香蕉遞到幾個顧客手裡，表示可以先嘗後買。顧客們接過香蕉一品嘗，發現的確不同以往，當下信服，紛紛買單。就這樣，鮑洛奇非但沒有減價，反而以高出市價一倍的高價將十八箱香蕉銷售一空。

財富箴言

客戶需要培養，顧客需要引導。

客戶買的不是產品，而是理由。

第六十四課　他們都曾經絆過

1. 讓它的可樂無瓶可裝

　　時光回溯至 1993 年，當時的美國和伊朗還算友好，美國飲料龍頭可口可樂公司發布消息，決定進軍伊朗市場，這頓時讓伊朗的本土飲料龍頭企業滲滲可樂如臨大敵。

　　為保住市場，滲滲可樂召開了高層會議，商討如何有效阻擊可口可樂的大舉來犯。有人提議打價格戰，實施全面降價；有人建議開闢新的生存空間，研發新產品；還有人認為自己一定不是可口可樂的對手，不如主動投降，讓可口可樂兼併自己……這些方法顯然無法令人滿意，最後，滲滲可樂決定重金向公司所有員工徵集有效策略。

　　很快，高層們就收到了上千份建議，其中，一名流水線灌裝工的建議，讓大家眼前一亮。該建議說：別管可口可樂有多麼強，我們只要讓它的可樂無瓶可裝便可！因為可口可樂來伊朗出售，必然需要大量的可樂瓶子，但可口可樂公司不可能從美國本土運可樂瓶過來，另外，裸瓶的關稅也很高，所以他們只能找伊朗本地的製瓶廠代工。而伊朗只有兩家大型製瓶廠，只要搞定他們，不讓他們幫可口可樂公司製造瓶子，就等於釜底抽薪，掐住了可口可樂

的命脈。

　　這個建議由不得滲滲可樂的高管們不採納，因為除此之外，人們也想不出別的辦法。為了做到萬無一失，他們立即出鉅資，將兩家製瓶廠收購了過來。果然，不久後可口可樂便因來伊朗尋找製瓶商合作無果放棄了伊朗市場。

財富箴言

再強大的對手也有劣勢，不要盯著對方的優勢不放。

2. 先把所有的香蕉全買來

　　知名珠寶公司創辦人林先生自小失去父親，與母親和兄弟在沿海城市相依為命。當時，這個貧窮的家庭唯一的收入，就是到街頭叫賣香蕉。由於賣香蕉的窮人子弟並不只他們一家，因此一開始林家的生意並不好做。但親身經歷過幾次買賣之後，他很快就發現了賺錢的訣竅。

　　從此，街頭每天早上都會出現這樣的情景：一群衣衫破舊的小孩在他們那位神情狡譎的小領袖的帶領下，把守住小城裡每一個主要的路口，然後以很低的價錢買下幾乎所有能碰到的新鮮香蕉。而中午時分，大街上就會出現一大群叫賣香蕉的孩子。與此同時，當地人發現，這段時期以往便宜得不能再便宜的香蕉竟然漲了不少。他們哪裡知道，當地的香蕉生意每天都會被林家以收購的方式壟斷，香蕉都到了他的手裡，他怎麼可能不漲價呢！當時，他才11歲。

財富箴言

不僅要學會吃市場，還要學會吃競爭對手。

3. 我馬上回國準備貨款

幾年前，一位名叫麥克的美國裘皮商飛到南方某城市，參加在那裡舉辦的商業博覽會。

在會上，麥克顯得分外活躍，他不斷和外貿人員交談，小心翼翼揣摩人員的心理和當地的市場行情。休息時間，麥克盯著一位外貿人員，遞上一根香菸，然後關切的詢問道：「今年貴國的黃狼皮收購價比去年好吧？」

對方深深吸了一口菸，瀟灑的吐了個菸圈：「不錯。謝謝關心。」

麥克眼睛閃閃發光：「如果我想以優惠價格買進 15 萬至 20 萬張黃狼皮，您看有沒有問題？」

外貿人員打量了麥克一眼，見他滿臉誠意，當即笑道：「當然沒問題！」

「那好，一言為定！我先訂一批，試試銷路！」兩人邊說邊笑，緊緊握住了對方的手。鬆開手，麥克便拉著外貿人員坐到大理石桌旁，不久便遞出了一張 5 萬張黃狼皮的穩盤訂單，而且價格要比原方案高 5%。

談判完畢，付了部分定金，麥克當即告辭：「真的，太謝謝你們啦！我馬上動身返回美國準備貨款。」

麥克走後，外貿人員為獲得了一張 5 萬張黃狼皮的訂單和訂金而頻頻舉杯，祝賀初戰告捷。但是沒過多久，就收到了一個令人震驚的消息：美國裘皮商麥克正在國際市場上以低價格拋售黃狼皮！原來，麥克是先用高價穩住當地人員，待抬高黃狼皮價格之後，再按原價順利脫手他積壓的大量存貨。他付出的那一小筆訂金，跟他

獲得的利潤相比，簡直可以忽略不計。而當地公司只得了一張空頭支票，數十萬張黃狼皮被迫積壓起來。

財富箴言

絆住對手，自己才能大踏步前進。

第六十五課　他們都曾經黑過

1. 羅斯柴爾德知道了

　　西元 1815 年 6 月 18 日，拿破崙親率法國大軍與英國將軍威靈頓率領的反法聯軍在比利時滑鐵盧展開了激戰。傍晚時分，反法聯軍的援軍及時趕到，而拿破崙的援軍一個未到，戰場形勢立即發生逆轉，反法聯軍大舉反攻，法軍全線潰退，敗局已定。

　　誰也沒有注意到，一個名叫羅斯伍茲的英國人悄悄撤離了戰場，他騎上快馬奔向布魯塞爾，然後轉往比利時的奧斯坦德港。抵達港口時已是深夜時分，英吉利海峽風急浪高，但羅斯伍茲顧不了這麼多，他找到一個水手，以兩千法郎的高價讓水手連夜渡他過海。6 月 19 日清晨，當羅斯伍茲順利登上英國福克斯頓附近的海岸時，他的老闆南森‧羅斯柴爾德早已等候多時。羅斯柴爾德快速打開羅斯伍茲遞過來的信封，迅速看完信，然後策馬直奔倫敦股票交易所。

　　羅斯柴爾德何許人也？他是個很有商業眼光的人，滑鐵盧戰役還在醞釀階段，他就意識到這場戰爭不僅軍事意義重大，對金融界的影響也同樣深遠。如果拿破崙得勝，法國就會主宰歐洲，英國公債勢必大跌；相反，如果威靈頓獲勝，英國就會主導歐洲，英國

第六十五課　他們都曾經黑過

公債就會大漲特漲。為確保第一時間獲得準確情報，進而大發戰爭財，在大戰前夕，羅斯柴爾德不惜花費重金，派遣多名情報人員趕往滑鐵盧，不斷把前線戰況及時送回英國。

羅斯柴爾德急匆匆趕回倫敦股票交易所後，和他持同樣心理的投資者們立即安靜了下來。沉默片刻，羅斯柴爾德向早就守候在那裡的家族成員一個眼色，大家心領神會，立即撲向交易臺，大量拋售英國公債。

人群頓時騷動起來，有人交頭接耳，有人跟著羅斯柴爾德有樣學樣，更多的人則持觀望態度。隨著相當於數十萬美元的英國公債被羅斯柴爾德等人拋向市場，公債價格開始下滑，接著更大的拋單像海潮一般，一波比一波猛烈，公債的價格開始崩潰。有人叫道：「羅斯柴爾德知道了！」、「羅斯柴爾德知道了！」、「威靈頓戰敗了！」……隨後，所有人像觸電一般醒過來，爭先恐後狂拋英國公債。短短幾個小時，英國公債已成為垃圾一片，票面價值僅剩下原有的 7%。

這時，羅斯柴爾德再次對家族成員一個眼色，大家立即停止拋售，轉而買進可以買進的每一張英國公債。

直到三天後，英軍在滑鐵盧得勝的消息才傳到倫敦。而此時的羅斯柴爾德因為持有大量英國國債，已經成了英國政府最大的債權人。由此開始，羅斯柴爾德家族迅速累積多達七十億美元的財富，成了英國有史以來最大的金融家族。所以歷史學家們說，滑鐵盧戰役的最大贏家不是英國將軍威靈頓，也不是英國政府，而是羅斯柴爾德，他的金融王朝是建立在數十萬陣亡將士的屍骨上的。但英國政府卻對此無話可說，畢竟在整個交易過程中，羅斯柴爾德一句話也沒說過！

財富箴言

窮人之所以成為窮人，並不是因為缺少機遇，

而是因為不善於把握機遇。

股市本身並不產生利潤，總有一部分人在賺，一部分人在賠。

2. 借據上寫的是「考爾貸款」

梅里特兄弟是德國移民，在美國密西西比定居後，二人辛勤工作、謹慎經營，最終存了一筆錢。後來，他倆意外發現，密西西比其實是一座建在礦山上的城市。於是，兄弟倆先人一步，成立了一家鐵礦公司，迅速將密西西比最好的礦脈收購到自己囊中。

這下惹火了洛克斐勒，因為他也發現了這個鐵礦，並對它垂涎三尺，只是因為他下手慢了那麼一點點，結果被梅里特兄弟拔得頭籌。

洛克斐勒不甘心失敗，他耐心等待時機，決心得到這個鐵礦。

西元 1837 年，大蕭條籠罩全美，市面銀根告緊，梅里特兄弟的鐵礦公司和許多公司一樣，也陷入了危機之中。兄弟倆愁眉不展，苦思多日仍無良策。正在此際，本地的一個牧師闖入了梅里特兄弟的生活。一天，在和牧師閒聊過程中，兄弟倆不自覺談到了現在的經濟危機，並說自己的鐵礦公司也陷入了危機之中，資金周轉不靈。

「熱心」的牧師一聽這話，立即說：「是嗎？那你們怎麼不早些告訴我呢！我是可以助你們一把的啊！」

兄弟倆聽了這話不禁喜出望外，對牧師說：「真的嗎？您真的有辦法幫我們？」

牧師說：「我自己是沒有什麼錢，但我有一個朋友，他看在我的

面子上，是可以支援你們的。」

兄弟倆聽得眉飛色舞，連連感激：「您真是個好人，真不知怎麼感謝您呢！」

牧師說：「朋友就是應該互相幫助的。你們需要多少錢？」

梅里特兄弟簡單合計了一下，說：「大概 40 萬元。」

牧師當著兄弟倆的面，立即寫就了借 42 萬元的介紹信。

兄弟倆又問：「那麼利息怎麼計算呢？」

牧師大方的說：「如果是我自己的，就不要什麼利息了！但借款的是我的朋友，這樣吧，你們多少給他點就行。明天我把支票交給你們，你們替我在借據上簽個名就行了。」

兄弟倆自然又是一番千恩萬謝。

第二天，牧師果然拿來了一張 42 萬元的支票和一張寫好字的字據：「今有梅里特兄弟借到考爾貸款 42 萬元整，利息 3 厘，空口無憑，特立此為證。」

梅里特兄弟把字據念了兩遍，覺得沒什麼不妥，當即在字據中高興的簽了字。

但僅僅過了一個月，這位牧師就找到梅里特兄弟，要求兄弟倆還債，並說自己的朋友就是洛克斐勒，他要求馬上收回那 42 萬元！

梅里特兄弟哪裡有錢給他，雙方只好對簿公堂。在法庭上，原告律師說：「請法官大人注意，這張借據上寫的是『考爾貸款』。所謂『考爾貸款』，就是指貸款人隨時可收回的貸款，所以它的利息要比一般貸款低，根據美國法律，借款人只有兩種選擇：立即還清借款，或者宣布破產！」

最後，走投無路的兄弟倆只好宣布破產，出賣產業，買主當然是洛克斐勒。

財富箴言

沒有無緣無故的恨，更沒有無緣無故的愛。

越是美麗的越是傷身，越是動聽的越是要命。

3. 我是美國人羅恩斯坦

達尼爾・施華洛世奇家族是奧地利名門，他們生產玻璃製假鑽石服飾用品已幾世。第二次世界大戰時期，施華洛世奇的公司因被迫為德軍製造望遠鏡，故反法西斯戰爭勝利後，戰勝國之一法軍準備將其接收。但是在法軍正式接收該公司之前，一個名叫羅恩斯坦的美國人得到了消息，他立即趕到奧地利，與施華洛世奇家族進行交涉：「我可以和法軍交涉，讓他們不接收你的公司，但交涉成功後，你要把貴公司的代銷權讓給我，直到我死為止。閣下認為我的意見如何？」

施華洛世奇家族對這個精明的美國人非常反感，當場大發雷霆，但經過冷靜考慮，他們最終為了自身的利益，選擇了委曲求全，接受了羅恩斯坦的條件。

簽訂了合約後，羅恩斯坦又馬不停蹄找到法國軍方，他充分利用美國是個強國的威力，震住了風光不再的法軍。在法軍司令部，他鄭重提出申請：「我是美國人羅恩斯坦，從今天起，施華洛世奇的公司已變成我的財產，法軍不能予以接收。」法軍雖然氣憤，但他們的確惹不起美國人，因此不得不接受了羅恩斯坦的申請。羅恩斯坦未花一分錢，便設立了壟斷式的施華洛世奇公司「代銷公司」，大把大把賺起了鈔票。

財富箴言

國家不強大，商人很悲情。

第六十六課　他們都曾經教過

1. 淌自己的汗，吃自己的飯

　　清朝大書畫家鄭板橋一生難得糊塗，但在教育後代方面，他卻一點也不含糊，而且稱得上教子有方。史料記載，鄭板橋52歲方得一子。當時他官居縣令，有田產三百畝，他的兒子也算含著金鑰匙出生的富家子弟。但鄭板橋從不溺愛兒子，注重言傳身教。直到病危時，還不忘最後一次教育兒子。

　　這天，鄭板橋的病情更加惡化，人們都在擔心他的身體，他卻提出讓兒子親手做饅頭給他吃。兒子根本不會做，但父命難違，而且看著父親越來越虛弱，恐怕難以支撐多久，兒子只好答應。

　　但兒子根本不知如何下手，站在那裡乾著急。鄭板橋便指點兒子，可以請廚師指導，不過必須自己親手學著做，不能讓廚師代勞。結果兒子費了半天工夫，終於將饅頭做成，可是當他把自己親手做的饅頭送到父親面前時，鄭板橋已經氣絕！

　　兒子悲慟欲絕。忽然，他發現病榻前的茶几上放著一張紙條，趕緊拿起來看，只見上面寫著：「淌自己的汗，吃自己的飯，自己的事自己做，靠天靠地靠祖宗，不算是好漢！」看罷，兒子恍然大悟，明白了父親臨終前要他親手做饅頭的用意 —— 自力更生，自

強不息！

財富箴言

好孩子需要「壞」父母。溺愛是父母給孩子最可怕的禮物。

2. 我扔了它是不想讓你們增加罪惡

相傳明朝時，四川省某禪院有個住持和尚，有一天，他在路邊無意撿到了一個青瓷碗，便把它帶回寺院。當天晚上，他折了一朵鮮花放在碗裡，供在佛像前，結果第二天醒來，碗裡竟然裝滿了鮮花。他十分驚奇，又十分疑惑，便到廚房裡抓來幾粒稻米，結果第二天，碗裡又裝滿了稻米。後來，他開始把少許的銅錢和金銀放在碗裡，過了一夜，碗裡就變成了滿滿的一碗銅錢和金銀。從此以後，這個寺院就富裕了起來。

幾十年時間轉眼過，這個住持和尚漸漸老了。有一天，他推說要過江去查田，帶著眾弟子一起前往，船至江心，他從懷裡取出那個青瓷碗，一揚手便拋進了江中！弟子們都驚呆了，他平靜解釋道：「我已經時日無多，我死之後，你們難道能謹慎守節嗎？我把青瓷碗扔了，是不想讓你們增加罪過啊！」

財富箴言

人類最寶貴的財富是自己的雙手，
人類最大的罪惡是好逸惡勞。

3. 你應該勸我行善，怎能勸我吝惜錢財

　　唐肅宗時，有一個名叫嚴震的官員被任命為山南西道節度使。上任沒幾天，突然有一個衣冠不整的人為了生計到他府上來乞討三百吊錢。守門的僕人報告給嚴震時，恰好嚴震的兒子嚴公弼也在，他便問兒子該如何處理此事。嚴公弼張嘴就說：「我看這人恐怕是得了精神病，您老人家不必答理他。」嚴震一聽大怒，訓斥道：「你這是什麼話！你這樣想一定會敗壞我的家風的！你應當勸你的父親盡力行善，哪能勸我吝惜錢財呢？況且來人身分不明，但僅從他敢向我乞討這一大筆錢這一點來看，就足以證明他非同尋常。」說完，他馬上命令幕僚按照那人所需的錢數付給。消息傳開，三川一帶的能人才士紛紛投奔嚴震而來，而且沒有任何人提過過分的要求。

財富箴言

　　天下的壞事，大多是由於捨不得錢財引起的；

　　天下的好事，又大多是因為捨得錢財而辦成的。

電子書購買

國家圖書館出版品預行編目資料

脫貧者：擺脫貧窮的第一步，從打破階級複製開
始 / 溫亞凡，劉寶江著 . -- 第一版 . -- 臺北市：
崧燁文化事業有限公司 , 2021.08
　面；　公分
POD 版
ISBN 978-986-516-775-2(平裝)
1. 創業 2. 職場成功法
494.1　　110011692

脫貧者：擺脫貧窮的第一步，從打破階級複製開始

臉書

作　　　者：溫亞凡，劉寶江
發　行　人：黃振庭
出　版　者：崧燁文化事業有限公司
發　行　者：崧燁文化事業有限公司
E - m a i l：sonbookservice@gmail.com
粉　絲　頁：https://www.facebook.com/sonbookss/
網　　　址：https://sonbook.net/
地　　　址：台北市中正區重慶南路一段六十一號八樓 815 室
Rm. 815, 8F., No.61, Sec. 1, Chongqing S. Rd., Zhongzheng Dist., Taipei City 100, Taiwan (R.O.C)
電　　　話：(02)2370-3310　　　傳　　　真：(02) 2388-1990
印　　　刷：京峯彩色印刷有限公司（京峰數位）

定　　　價：380 元
發行日期：2021 年 08 月第一版
◎本書以 POD 印製